KB082490

나는 샤넬백 대신
피부에 투자한다

나는 샤넬백 대신 피부에 투자한다

초판 1쇄 2021년 11월 23일

지은이 김솔지 | **펴낸이** 송영화 | **펴낸곳** 굿웰스북스 | **총괄** 임종익

등록 제 2020-000123호 | **주소** 서울시 마포구 양화로 133 서교타워 711호

전화 02) 322-7803 | **팩스** 02) 6007-1845 | **이메일** gwbooks@hanmail.net

© 김솔지, 굿웰스북스 2021, *Printed in Korea*.

ISBN 979-11-91447-82-8 03590 | **값 15,000원**

※ 파본은 본사나 구입하신 서점에서 교환해드립니다.

※ 이 책에 실린 모든 콘텐츠는 굿웰스북스가 저작권자와의 계약에 따라 발행한 것이므로 인용하시거나 참고하
   실 경우 반드시 본사의 허락을 받으셔야 합니다.

※ **굿웰스북스**는 당신의 풍요로운 미래를 지향합니다.

나는 샤넬백 대신 피부에 투자한다

since 2021

×

BY AUTHENTIKOS

굿웰스북스

이 책이 제 나이 서른둘, 2021년에 나오게 될 줄은 상상도 못한 일입니다. 시골에서 상경해 고시원에서 지낼 수밖에 없던 스무 살 여대생에서 생활을 유지하는 것만으로도 벅찼던 생계형 직장인 생활을 하며, 학자금을 갚기 위해 아등바등 살았던 제가 드디어 안정적인 공공기관 정규직이 되고 비로소 진정으로 하고 싶은 것들을 찾게 되었습니다. 마음 속 꿈들을 펼치게 되어 우물 밖으로 나오게 되고 이렇게 하나씩 꿈을 이뤄가게 된다는 것만으로도 감사한 일들입니다. 해야 할 일들에 치여 하고 싶은 일이 무엇인지 고민할 여유조차 없던 저는 요즘이 너무 행복하고 벅찹니다.

피부는 신체 내외부의 환경을 둘러싼 기능을 수행하는 기관이지만 정신적 스트레스와 몸속 상태를 보여주는 거울이라 생각합니다. 저는 어렸을 때 홍당무 피부로 항상 빨간 피부였습니다. 한번 달아오른 피부가 원래대로 돌아가려면 한참 시간이 필요했죠. 어쩌면 가난한 집안 환경 때문에 초등학교 시절부터 급식비 체납자로 전체 방송에서 이름이 거론되고, 행정실에 매번 가야 했던 창피함이 뒷받침 되었을 것이라 생각합니다. 그런 환경은 제 피부를 더욱 빨갛게 만들 일이 많았고, 그래서인지 저는 사람들의 피부를 보면 그 사람 마음이 보입니다. 누군가의 피부를 다룬다는 것은 그 사람의 마음과 인생의 조각을 공유하는 시간이기도 합니다.

피부 케어는 단순히 마사지 받는 힐링을 넘어 지친 일상 속 현대인들의 오아시스가 되어주는 시간이라고 생각합니다. 의료계에 몸담고 있는 동안 얻은 지식과 피부미용계 현장에서 얻은 실제 고객들의 임상을 체계화시키고, 가장 많이 호소하던 고민들을 취합하여 정리하였습니다. 이 책을 집필하는 데 시간은 몇 달이 걸렸지만, 저의 인생 32년이 고스란히 담겨 있습니다. 이 책은 실제 고객 상담을 하며 겪었던 실화를 바탕으로 만들었습니다. 피부 개선을 원하지만 어떤 것부터 해야 할지 모르겠는 분들, 저처럼 힘든 환경 속 자존감이 낮아진 분들께 이 책과 제 이야기가 희망이 되고 도움이 되었으면 좋겠습니다. 제가 좋아하는 말이 있습니다. '신은 인간이 감내 할 수 있을 만큼의 고통만 주신다.'라는 말입니다. 어렸을 적 저는 '왜 나에게만 이렇게 힘든 일이 일어날까?', '왜 이런 환경에 태어났을까?'라고 혼자 감내하며 많이도 울었습니다. 그때마다 책을 통해 위로 받았구요. 과거의 고통과 시련은 저를 이만큼이나 성장시켰던 것 같습니다. 신은 제가 많은 이들에게 도움이 될 존재인지 실험했던 것 같습니다.

이 책이 발간될 수 있도록 어센티코스 광교를 사랑해주신 저의 고객님들께 다시 한번 감사드립니다. 앞으로도 더욱 성장하는 솔원장이 되도록 노력하겠습니다. 또 저의 경험과 지식들을 책이라는 출간물로 나올 수 있게 도와주신 〈한책협〉 대표 김도사님께도 감사의 말씀을 드립니다. 아무리 좋은 재료가 있어도 조리법을 모르면 음식이 아닌 재료에 불과합니다. 조리하는 방법을 알려주신 김태광 대표님 감사합니다. 마지막으로 나의 가장 소중한 사람, 일 중독 와이프 덕분에 데이트 할 시간도 여유도 빼앗기고 고양이 세 마리까지 케어하느라 고생인 남편 최종민 씨! 항상 응원해줘서 감사합니다. 당신이 없었다면 나의 삶은 이렇게 살아 숨 쉬지 못 했을 것이라고 확신합니다. 앞으로도 잘 부탁합니다. 사랑합니다.

Authentikos 대표 김솔지

목 차

1장

×

여자의 피부는 자존감이다

2장

×

현명한 여자는 명품백 대신 자신에게 투자한다

3장

×

여자의 피부와 자존감의 7가지 비밀

4장

×

애쓰지 않고 명품 피부 되는 방법

5장

×

당신의 커리어에 피부 빛을 더하라

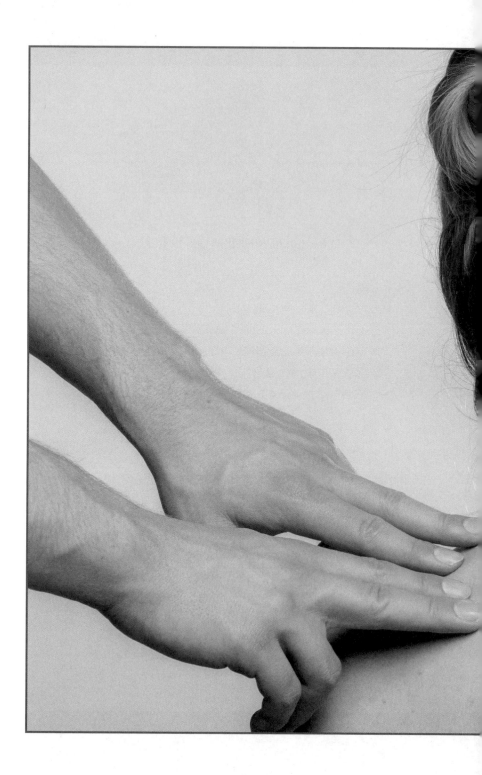

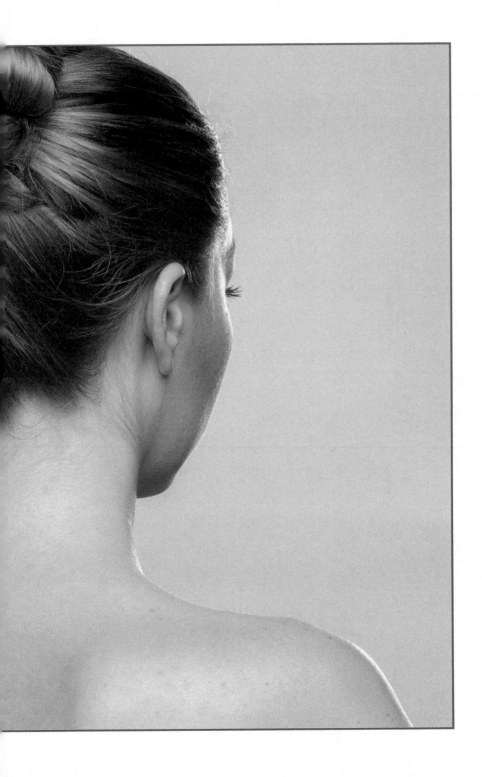

In the end,

inner beauty is revealed on the outside.

A woman with a dream never grows old.

1장

×

여　자　의
피　부　는
자 존 감 이 다

01

×

여자의 피부는
자존감이다

여자의 피부와 자존감이 연관이 있을까? 그렇다면 피부 좋은 여성은 자존감이 높고, 안 좋은 피부를 가진 여성은 자존감이 낮을까?

결론부터 말하자면, 절대적일 수는 없지만 보통 피부 좋은 여자가 그렇지 않은 피부 여자보다 소개팅의 성공 확률이 높을뿐더러 사회생활도 더 잘할 확률이 높다. 또한 같은 여자들조차도 도자기처럼 매끈하고 깐 달걀처럼 피부에 빛이 나는 여자를 더 선호한다. 인간은 하루에도 수차례 사람들과 만나고 소통하는 사회적 동물이다. 그렇다면 누가 더 자신감과 자존감이 높을 수밖에 없을까?

나는 어렸을 적 많이 가난했다. 그래서 초등학생 때, 전교생이 듣는 전체 방송에서 급식비 체납자로 호명되었고 그것으로 인해 매번 교무실에 불려갔다. 그 창피함은 매주 언제 내 이름이 불릴지 모른다는 불안감에 내 심장을 벌렁거리게 만들었고, 심리적인 압박은 항상 홍당무 같은 피부로 드러났다. 그러한 피부의 변화와 예민함은 교우 관계에 있어서도 자신감을 하락시키고 항상 의기소침하게 만들어 친구 관계를 좁게 만들었다. 시시때때로 쉽게 얼굴이 달아올랐다가 가라앉았다를 반복하는 내 얼굴은 정신없이 작동하는 신호등 같았다. 나는 중학교 입학 전, 본격적으로 외모에 관심을 갖기 시작했고, 제일 먼저 한 일은 읍내의 화장품가게에 가는 일이었다. 지금 생각해보면 초등학교 6학년 여자아이가 참 요망했던건지, 대담했던 것 같다. 40대로 보이는 가게 아주머니는 웬 꼬맹이가 와서 빨간 얼굴을 없앨 수 있는 화장품이 있냐고 물으니 조금 당황하셨겠지만 내색하지 않고 설명해주셨다. 그 제품은 미백 성분이 다량 들어가 있는 기초화장품이었던 것 같다. 아주머니는 내가 원했던 것처럼 얼굴을 하얗게 만들어줄 제품을 소개해주셨고 나는 방학 내내 그것을 정말 열심히 발랐다. 그리고 대망의 입학식이 왔다.

내가 살던 고향은 깡시골이라 중학교는 여자중학교 하나밖에 없었다. 여러 면 단위에 흩어져 있는 작은 초등학교 출신들이 한군데 모이는 순간이기도 했다. 대부분 시골 뙤약볕에 그을려 다들 새까맣고 누런 피부였다. 근데 이게 웬일인가. 나와 같은 학교를 졸업한 친구들이 "솔지야, 너 피부가 어떻게 이렇게 하얘졌니? 뭐 한 거야?" 하고 묻는 것이었다. 학교 선생님들은 심지어 수업 들어오실 때마다 내가 화장한 줄 알고, 얼굴을 만져서 확인까지 하실 정도였다. 나는 그러한 관심이 당황스럽지만, 기분 나쁘지 않았다. 눈에 띄게 피부가 좋아 보이고 하얗다 보니 다른 학교 출신 친구들이 나와 친해지고 싶어 하고, 얼굴 하얀 아이로 소문이 퍼지기도 했다. 나는 주변의 그런 관심을 받으니 자신감이 생기고, 전에 비해 친구들도 많아졌다.

나는 지금도 그때의 나를 칭찬해주고 싶다는 생각이 든다. 물론 하얀 피부로 바뀌면서 없던 자신감과 자존감이 올라간 것으로 보진 않는다. 하지만 나는 외부 환경과 심리적인 압박에 의해 피부가 예민해졌고, 그로 인해 충분히 매력적이고 성격이 좋은 사람임에도 불구하고 자신도 모르게 의기소침하고 진짜 모습을 드러내보이지 못했던 것이다. 그때 내가 용기 내어 그 화장품 가게에 들어가지 않았다면 시간이 흐를수록 신호등 피부가 나의 자신감과 자존감을 더 갉아 먹었을 것이다. 그래서 나는 외부 환경과 외적인 요소가 내면에 미치는 영향이 크다는 것을 잘 안다. 그리고 그러한 자신의 외모의 단점을 외부 탓이나 방치하기보다 내가 되고 싶은 이상향과 바꾸고 싶은 모습을 솔직하게 파악하는 것이 가장 중요하다고 생각한다. 자신의 외모 장단점을 파악하는 것이 처음은 고통스럽지만 그것을 바꾸고 싶다는 용기를 가진다면 인생에 있어 큰 전환점이 될 수 있다. 변화가 없다면 어떠한 성장도 있을 수 없다. 용기 있는 여성만이 아름다울 자격이 있다.

최근, 뉴스에 나온 한 여성의 사연을 보고 나는 무척 안타까웠다. 뉴스의 타이틀은 "31세 여자, 1억 모았는데 남자들이 눈길도 안 줘요."이다. 이 여성은 어릴 때부터 체질상 고도비만이었고, 현재까지 살은 못 뺐다면서 남사친들도 자신을 여자로 보지 않았다고 한다. 친구들이 예쁜 미모를 내세울 때, 집부터 사고 잘나지면 결혼해야지 생각했다고 한다. 그런데 주변 친구들 하나둘 잘난 남자 만나서 시집가는 것을 보니 한 번씩 인생에서 현타(현실 자각 타임)가 온다고 전했다. 또 그녀는 '저번 달 시집 간 친구는 2천 들고 갔다'며 "제가 악착같이 아끼고 살면서 모으고 해봤자 나를 만나줄 남자가 정말 있을까요?"라고 되물었다. 결국은 "외모가 다인가 싶어진다. 정말 남자들은 돈 많지 않아도 여자가 예쁘고 날씬하기만 하면 되는 걸까?"라고 덧붙였다.

인간은 결핍이 생기면 그 결핍을 다른 것으로 채우려는 욕구가 있다. 현재의 문제를 직시하기보다, 그것을 피하고 다른 엉뚱한 것에 몰입하기도 한다. 뉴스의 주인공도 그렇게 보인다. 외모가 다가 아닌 것처럼 돈도 다가 아니다. 모은 돈 1억 중 50만 원이라도 투자하여 개인 운동 강습을 받거나, 돈 들이지 않고도 홈 트레이닝과 식이요법을 했더라면 과연 지금도 외모를 보는 세상 탓을 하고 있을까? 외모가 다라고 생각하는 만큼 돈이 많으면 결혼할 수 있을 것이라고 생각하는 사람의 생각도 편협하다고 생각한다. 결핍을 제대로 채우기 위해선 먼저 자신에게 솔직해져야 한다. 본인은 남자를 고를 때 순수하게 내면만 본단 말인가? 반대로 당신은 고도비만인 이성과 결혼하고 싶단 말인가?

눈 뜬 장님이 아니고서야 인간은 시각적인 요소를 배제할 수 없다. 첫 인상을 좌우하는 요소 중 시각을 차지하는 비율은 무려 55%, 목소리는 38%이다. 잘 가꾸어진 외모는 상대에게 호감을 불러일으키고, 평소 자기 자신을 어떻게 대하는지도 볼 수 있게 한다. 자기 자신을 방치하는 여성을 남녀불문 반길 사람은 없다. 무조건 강남미인처럼 예뻐져야 된다는 말이 아니다. 자기 자신의 외적 장단점을 파악하고, 장점을 살리되 단점을 보살펴줄 수 있어야 연애를 하든, 결혼을 하든, 친구를 사귀든 남도 보살필 수 있는 것이다. 특히나 피부는 신체 장기 중 가장 큰 표면적을 가지고 있고, 가장 바깥에 있는 장기이기도 하다. 몸속의 상태가 보이기도 하며 여자의 피부는 호르몬에 의해 매월 피부컨디션이 오르락내리락 좋고 나쁨을 반복한다. 이 시기만 봐도 피부가 좋아지면 기분도 덩달아 좋아지고, 뾰루지라도 하나 나면 그날 컨디션은 저조하게 시작되기도 한다. 피부가 365일 매우 좋을 수는 없어도 스트레스 요소로 바뀌지 않으려면 피부뿐 아니라 꾸준한 노력이 동반되어야 한다. 그러한 노력 없이 세상 탓, 남 탓하며 허송세월하며 시간을 보내서는 안 된다.

아름다운 여성은 절대 자신의 외모를 방치하지 않는다. 자신을 둘러싼 환경에 대하여 자신의 내면 외면을 잘 돌볼 줄 안다. 그리고 자신의 단점을 파악하고 인정하며, 부족한 부분을 보완하려고 노력한다. 우아하게 수면 위를 떠다니는 백조를 보았는가? 백조는 수면 위에서는 둥둥 떠 있어 우아해 보일지 몰라도 눈에 보이지 않는 수면 아래에서 열심히 발길질하며 앞으로 나아가고자 한다. 한 번뿐인 인생, 하루라도 내가 살아가고 싶은 모습으로 살고자 하는 마음이 있다면 세상 탓하기 전에 자기 자신을 객관적으로 봐야 하고, 그런 자신을 응원해주고 용기를 불어넣어줘야 한다. 자기 자신을 사랑하지 않는 여자만큼 매력 없는 여자도 없다.

자존감이 높은 여성은 매일매일 자기 자신을 가꾸려는 노력을 꾸준히 한다. 거울을 보며 자신의 피부와 표정, 옷차림 등을 체크하고 좋은 컨디션을 유지하기 위해 노력한다. 그러한 것은 자신을 사랑하는 흔적들이다. 자존감 높은 여자들 중에 외모에 자신없는 여성을 본 적이 있는가? 명심해야 한다. 자기 자신의 외적인 장단점을 파악할 줄 알고 그것을 인정하며 자신을 사랑하는 여성만이 내면의 자존감뿐만 아니라 외모도 아름다울 수밖에 없다. 우리의 외부 껍데기는 나의 영혼이 머무는 집이다.

자신의 영혼을 아끼는 사람은 집도 잘 가꿀 줄 알며 소중히 다룬다. 세상에 외모 콤플렉스 없는 사람은 없으며 그것을 대하는 자세는 본인의 선택이다.

자, 이제 자신을 사랑할 것인가? 세상 탓만 할 것인가?

나는 외모 관리를 통해
살아갈 힘을 얻었다

요즘같이 순간순간 셀카를 찍는 시대가 또 있을까 싶다. 인스타그램의 해시태그 중 셀카, 셀피, 셀스타그램 등 자신을 보여주는 게시물들이 하루 5,500만 개 이상 공유되고, 1초에 9,000개 이상의 '좋아요'가 기록되는 SNS 시대에 살고 있다. 나는 지금 시대의 핵심 축, 일명 밀레니얼 세대이다. 싸이월드가 왕성하던 시절, 셀카의 시초인 PC전용 하두리 캠부터 디지털카메라, DSLR카메라까지, 카메라와 함께 자랐다. 그리고 지금도 나는 하루에 몇 개씩 네이버 카페, 블로그, 인스타그램에 피드를 올리고 있다. 청소년기에 한참 다음 카페가 왕성했고, 외모에 관심이 많았던 나는 집에는 캠카메라가 없었기에 셀카를 찍으러 동네 피시방에 갈 정도였다.

생각해보면 과하다 싶기도 하지만 지금 맛집, 카페를 찾아다니며 SNS 인증샷을 올리는 열풍에 비하면 그렇게 과하지는 않다고 생각도 든다. 누구에게나 신체적 콤플렉스가 있겠지만 나에게 있어 내가 바라본 나의 모습은 키는 155cm에서 멈췄으며, 누가 봐도 튼실한 조선무 다리, 피부는 예민한 홍당무 같았고 눈은 대표적인 한국형 눈매인 작고 옆으로 찢어져 있는 여학생이었다. 특히나 나는 웃을 때마다 보이는 뻐드렁니, 덧니 때문에 손으로 가리고 시원하게 웃지도 못할뿐더러 이가 보이지 않게 어색한 입모양으로 다녔다. 외모로 인한 그러한 행동은 나를 더욱더 소극적으로 만들기 십상이었다. 고3 때는 살이 10kg 이상 쪄서 정말 걸어 다니는 햄스터 같았다.

나는 얼른 어른이 되어 돈을 벌고 싶었다. 돈을 벌어 쌍꺼풀 수술, 치아 교정을 하고 싶었다. 우리 집은 부모님이 일찍 이혼하셨고, 그로 인해 나는 돌이 되기 전부터 할머니 손에 자랐다. 엄마라는 존재가 없었기에 할머니가 나를 섬세히 케어하기에는 역부족이었다. 그래서 나는 또래에 비해 빨리 성숙하였고, 대학 보낼 돈도 없던 터라, 예뻐지기 위해 수술을 시켜 달라고 하는 건 정말 말도 안 되는 일이었다. 하지만 19세 소녀의 예뻐지고 싶은 욕구가 쉽사리 사라지던가. 나는 수능을 치르자마자 나를 써줄 수 있는 곳이라면 어디든 좋다는 생각에 돌판 삼겹살집, 소·양곱 창집, 전단지 배포 등 식당가를 전전하며 한 푼 두 푼 일단 모으기 시작했다. 이제 막 수능을 치른 미성년자에게 알바 자리를 주는 것만으로도 희망적이었기에 지금 시급에 비하면 터무니없지만 시급 2,500원을 받으며 두 달간 일해 수술에 필요한 60만 원을 만들었다. 가까운 친구들은 부모님의 도움을 받아 큰 도시에 있는 유명한 성형외과에 가서 수술을 받았지만 나는 그만한 돈이 없어서, 저렴한 비용으로 쌍꺼풀 수술이 가능한 안과에 찾아가 수술을 받기로 했다. 참으로 겁 없고 용감한 소녀였던 것 같다. 그래도 다행인 건 친구가 보호자 역할로 가주어서 시골에 지긋하신 안과 의사 선생님께 수술을 받았다. 그리고 그때 만들어주신 의사 할아버지의 작품인 쌍꺼풀을 지금도 잘 간직하고 있다.

나는 생애 첫 피땀 흘려 번 돈으로 나의 콤플렉스에 투자를 했다. 쌍꺼풀을 풀로 그리고 다녀야 했던 아침 일과가 간편해졌고, 쌍꺼풀 하나 생겼다고 연예인 미모가 되는 건 아니었지만 풀로 엉겨 붙었던 눈이 완전 새로운 눈으로 다시 태어났다. 그로 인해 다가올 대학 생활이 기대가 되었고, 내가 내 스스로 일궈냈다는 사실이 뿌듯하기까지 했다. 그리고 그것은 곧 외모 자신감으로 이어졌다. 선순환의 고리라던가. 쌍꺼풀 수술을 하고 나니, 수험생 먹방이 고스란히 드러나 있는 나의 몸뚱이가 보이기 시작했다. 수술을 하고 조금 돈이 남아 그 돈으로 나는 헬스장을 등록했다. 헬스장에는 살을 빼겠다는 의지가 가득한 사람들뿐이었다. 이것 또한 내가 스스로 번 돈으로 등록했기에 하루하루 소중히 갈 수밖에 없었고, 6kg 이상을 빠른 시일 안에 감량하였다.

나는 이러한 경험이 있기에 외모 관리가 삶에 얼마나 자신감과 활력을 주는지 누구보다 절실하게 느끼고 있었다. 지금 문제성 피부 전문 피부 관리숍을 운영하면서 피부로 인해 자신감을 잃고 소극적인 태도가 되어 방문하시는 고객을 보면 누구보다 그 기분이 어떤지를 잘 알고, 하루 빨리 자신감을 회복하고 편하고 아름다운 피부를 찾아드리고자 노력하고 있다. 피부가 변화되면, 선순환의 원리로 다른 부분까지도 개선이 된다.

마음이 불안하고, 심난하면 주변 환경도 너저분하게 변하듯 우리 외모도 그렇게 드러난다. 정돈되어 있지 않은 내면이 외부로 그대로 보인다. 뒹굴뒹굴 집에서 핸드폰만 쳐다보며 자신이 팔로우하는 누군가의 사진을 좋아요 누른다고 내 외모가 그녀처럼 예뻐지지 않는다. 손가락만 열 일(열심히 일한다)할 뿐이다.

당장 침대 밖으로 나와 전신거울 속 나를 쳐다보고, 자신의 현재를 직시해야 한다. 누구나 나태해질 수 있다. 그렇다고 거울을 달고 살라는 것이 아니다. 여성의 경우 신체 자체가 남성보다 호르몬의 영향을 많이 받기에 피부컨디션, 외모컨디션이 출산이나 여러 요소에 의해 수시로 컨디션이 하락할 수 있다. 하지만 그 상태를 그대로 방치하는 것과 무엇이라도 해보려는 것은 하늘과 땅 차이다. 나의 피부숍에 오는 고객들 중 반 이상은 20~30대 밀레니얼 세대다. 이들은 참 열심히 산다. 우리는 어느 때보다 경쟁이 치열한 시대에 살아가고 있다. 바쁜 일상 속 하루라도 시간을 내어 이들은 피부숍을 방문한다. 피부컨디션이 좋아지는 부분도 당연하지만 이 시간은 일상 속 자신을 들여다보는 시간이기도 하다. 바쁘게 살다 보면 자신의 상태를 미처 챙기지 못할 때가 많다. 점심시간 서점에 방문하여 잠깐이라도 독서하여 마음을 챙기듯이 피부숍에 와서 피부를 챙기는 것이다.

나는 피부숍을 운영하며 여드름 피부 때문에 의기소침해 있는 학생이라든지, 출산으로 인해 몸이며 얼굴이며 많이 어둡고 지쳐 있는 여성분들을 많이 보았다. 그들은 피부가 좋아질수록 얼굴 표정이 달라지고, 숍에 방문할수록 점점 세련되고 센스 있는 옷 스타일로 변화되는 것을 느낄 수 있었다. 나는 그런 분들의 변화를 볼 때마다 과거의 홍당무 피부에 뚱뚱하고 자신 없던 내 모습이 떠오른다. 누구나 콤플렉스로 인해 자신감이 낮아질 수 있고, 그 부분이 해결되면 자신을 더 잘 보살필 수 있게 되는 계기가 된다는 걸 잘 알고 있다. 실제로 단순히 자신감이 생기고 자존감이 높아지는 걸 넘어 피부가 개선되고 난 후 남자친구가 생기거나, 이직에 성공하거나 좋은 운으로 이어지는 경우를 많이 봐 왔다. 누군가의 외모 콤플렉스를 개선시켜줌으로써 삶의 질을 높여줄 수 있다는 것은 글로 표현하기 어려울 만큼 나에게 보람과 행복감을 준다.

피부가 좋아지면 남의 피드만 보는 것이 아닌, 내 피드에 올릴 셀카 찍는 횟수가 많아지고, 화장을 예쁘게 하고 예쁜 옷을 입고 싶은 욕구가 생긴다. 그리고 그 모습을 누군가에게 보여주고 싶고 자랑하고 싶어진다. 인간은 그런 사회적 동물이다. 특히 여자는 거울에 비친 자신의 모습을 보고 느끼는 행복감이 매우 크다. 누구나 외모에 장단점이 있다. 특히 피부는 눈, 코, 입, 이목구비보다 얼굴에서 차지하는 면적이 제일 크다. 앞서 말했듯 인간은 사회적 동물이다. 우리는 하루에 마주하는 사람 수만큼 누군가와 관계를 맺으며 살아가며 그로 인한 행복 또한 굉장히 크다. 우리는 소위 외모가 스펙인 시대에 살아가고 있다. 이것은 부정할 수 없는 현실이 되어버린 것이다. 콤플렉스는 가리려 할수록 열등감만 쌓이게 되고 만다. 그리고 그런 사람들은 내가 주체가 아닌 남을 주체로 남만 쳐다보며 살아가게 되어버린다. 언제까지 인스타그램의 인플루언서들을 팔로우하며 남만 추종할 것인가. 당신도 그들처럼 외모 관리를 통해 매력을 충분히 발산할 수 있다.

누구나 노력하면 외모에 자신감이 생기고, 단점에 가려져 있던 본인의 매력을 되찾을 수 있다. 돈도 없고 알바자리도 구하기 힘들었던 19세 소녀가 자신의 쌍꺼풀을 만들겠다는 의지로 알바를 했다. 그로 인해 자신감을 얻고 지금 이 자리에까지 오게 된 것을 보면 참으로 기특하지 않은가? 당신도 나처럼 혹은 나의 고객들처럼 외모 관리를 통해 자신감과 자존감이 높아지고, 그로 인해 더 좋은 세상을 살아갈 수 있다. 모든 것은 마음먹기에 달려 있다는 것을 명심하자. 혹시나 자신의 콤플렉스에 의해 자꾸만 의기소침해 있고 자신감이 떨어진다면, 다시 한번 용기를 내보자.

당신도 나처럼 외모 관리를 통해 살아갈 힘을 얻을 수 있다.

여자의 피부는
첫 번째로 내미는 명함이다

당신의 첫 명함은 언제 처음 만들었는가? 특히 사업을 하는 사람들은 명함 내밀 일이 굉장히 많을 것이다. 왜일까? 자신에 대해 구구절절 말하지 않더라도 명함 한 장으로 파악할 수 있기 때문이다. 자기표현의 효율적인 방식이다. 나도 명함이 있지만, 가지고 다니는 것을 깜빡하고 건네줄 기회를 놓친 적이 많다. 병원 생활을 할 때는 명함을 만들 필요가 없었다. 만약 명함이 있다면 지금 명함을 꺼내 보길 바란다. 가장 눈에 띄는 것이 무엇인가? 그리고 명함이 없다면 자신의 명함을 제작한다고 생각했을 때 어떤 것부터 생각할 것인가? 아마 네모난 종이 형태와 바탕색, 글자 등 이미지를 떠올릴 것이다. 명함은 그 사람을 최소한의 글자로 나타내는 간판이나 마찬가지다. 이름과 직업 이메일을 포함해 어떤 일을 하는 사람인지 단번에 알게 해준다. 사람의 신체 부위 중 명함과 같은 역할을 하는 곳은 어디일까? 전체적인 패션스타일링이나 분위기도 보겠지만 나는 사람과 사람이 대면할 때, 특히 서로의 눈을 바라본다고 생각한다. 사람의 눈은 영혼의 창이라는 말이 있지 않던가? 이목구비를 더욱 빛나게 해주는 것은 얼굴 전체를 덮고 있는 피부일 것이다. 명함의 전체 재질과 색상은 얼굴 피부와 같고, 그 안에 새겨진 글의 내용은 사람의 표정과 내뱉는 말이라고 생각한다. 깔끔하게 디자인된 명함은 보기에도 좋지만 정보 전달도 명료하게 된다. 하지만 구깃구깃 주머니에 뒹굴다 나온 명함은 도무지 내용 읽을 마음도 생기지 않고, 똑같은 내용이 들어 있을지라도 그런 꾸깃꾸깃한 명함을 받은 사람은 기분이 좋을 리 없을 것이다. 나는 외모 관리 특히 피부 관리는 나 자신을 보여주는 정돈된 명함과 같다고 생각한다. 누구라도 구겨진 명함 속에 자신의 이름이 새겨 있기보다 반듯하고 깔끔한 종이에 새겨지길 바랄 것이다.

고대 그리스에서는 풍성한 바디, 밝은 피부가 미인상이었고, 1900년대 미국에서는 납작한 가슴, 짧은 헤어를 하고 있는 남성적인 외모를 가진 여성이 인기를 끌었다 한다. 그리고 우리가 살고 있는 대한민국의 조선시대 미인상은 통통하고 보름달 같이 둥근 얼굴에 가느다란 눈과 맑고 흰 피부를 가진 여성이었다. 현대에 들어서는 연예인 김태희나 송혜

교처럼 작은 얼굴에 뚜렷한 이목구비를 가진 여성들이 미인상으로 꼽히고, 최근에는 인형 같은 외모보다도 가수 화사와 같이 자신만의 매력 있는 캐릭터가 인기를 끌고 있다. 시대에 따라 이렇게 미인상이 달라지고, 꿈꾸는 이상향이 달라지지만 변하지 않는 공통점이 있다면 깨끗하고 맑은 피부일 것이다. 어느 시대, 어느 나라를 막론하고 곰보 같은 피부, 거친 피부 결, 주름살 많은 피부가 미인상인 경우는 본 적이 없다. 요즘에는 태닝을 하고 구릿빛으로 물들여 건강미 넘치는 피부가 선호되기도 하지만, 이것도 텐션 있고 고급스러운 광이 나는 피부를 원하는 것이다. 칙칙함과 구릿빛은 분명히 다르다. 나는 휴일마다 좋아하는 일 중 하나는 남편과 에어비앤비나 숙소를 잡고 놀러가는 것이다. 일과 일상에 치이다 보면, 집에 있어도 제대로 쉬지 못하는 경우가 많다. 일단 간단히 짐을 싸서 떠나면 그곳에서는 치워야 할 집안일이나, 업무들이 보이지 않기에 온전히 휴식에만 집중할 수 있다. 얼마 전, 나는 남편과 두어 달 전 예약해놓은 강화도 독채 펜션에 놀러 간 적이 있다. 코로나 이후 사람이 북적거리는 쇼핑센터라든지, 명동과 같은 관광지 길거리에는 사람이 많이 줄고, 소수정예로 누릴 수 있는 곳들이 인기가 많아지고 있다고 한다. 우리는 도착하여 체크인을 했다. 인테리어 사무실과, 카페, 숙소를 같이 운영하는 그곳은 주인분이 직접 운영하시는 걸로 보였다. 숲속에 있는 비밀 정원에 들어간 듯 숙소 곳곳에 있는 유럽풍의 소품들과 인테리어에 매료될 수밖에 없었다. 웰컴 드링크를 주시는 사장님께 숙소 안내 내용을 전

달 받고, 우리는 1박을 소중하게 보냈다. 다음날 떠나기가 아쉬워 카페에 머물러 있다가 그 사장님과 다시 얘기하게 되었다. 나는 어디든 여행을 갈 때 내가 판매하는 제품들을 많이 가지고 간다. 지금 하는 일이 재밌고 즐거워서 하는 것이라 저절로 가방 안에 가득 화장품을 챙겨가 숙소에서 사진 찍고, 내용들을 정리해본다. 그날도 어김없이 그렇게 챙겨 갔는데, 카페 사장님과 이런저런 얘기를 하던 중 사장님이 전날 체크인 때부터 물어보고 싶던 것이 있다고 말씀하셨다. 그것이 무엇이냐 물으니, 무슨 일을 하는지 물어봐도 되냐며 피부가 너무 좋고 광이 나서 저 분은 어떤 일을 할까 궁금하셨다는 것이다. 그 사장님은 여사장님이셨다. 여자는 여자의 칭찬을 더 좋아한다. 나이 들수록 남자에게 예쁘다는 소리 듣는 것보다, 여자에게 '너 요즘 뭐하니? 너 요즘 피부에 뭐 발라?'라고 듣는 게 기분이 훨씬 좋다. 나는 그날 챙겨 갔던 수분크림을 냉큼 그 사장님께 건네며 피부숍을 운영하며 홈케어 컨설팅 해드린다고 말씀드리자, 역시라는 눈빛으로 활짝 웃으셨다. 첫인상에 좋은 피부가 두각이 된다는 것은 살아가면서 이점이 굉장히 크다. 칙칙한 얼굴 톤은 어쩐지 우울해 보이고 지쳐 있어 다가가기 꺼려지는 기운을 내뿜는다. 하지만 맑고 건강한 피부는 먼저 다가가 말 걸고 싶을 정도로 좋은 기운이 피부로부터 발산된다.

남자 여자 할 것 없이 평생에 걸쳐 소개팅을 안 해본 사람은 거의 없을 것이다. 코로나 이후에 생겨난 신조어가 많지만 그중에서도 '마기꾼'이라는 말이 있다. 이 말은 '마스크'와 '사기꾼'을 합친 합성어로, 마스크로 인해 가려진 하관과 노출되는 상관 얼굴만 보고 미남, 미녀인 줄 착각했다가 마스크 벗은 얼굴을 보고 실망했을 경우, '사기 당했다.'라는 표현으로 마기꾼이라고 쓰인다. '마스크네'라는 말도 있는데 이것은 마스크로 인해 트러블이 난 형태를 일컫는 말이고 '마스크'와 '아크네=여드름'을 합친 말이다. 나도 신규 상담 시 마스크로 가려져 있을 때와 케어 시, 마스크를 빼기 전과 후에 보이지 않았던 피부 차이에 놀랄 때가 몇 번 있었다. 마기꾼은 얼굴의 형태도 포함되지만, 피부 상태에 따라 크게 좌지우지되기도 한다. 최근에는 그래서 여자뿐 아니라 남자들도 마스크 속 피부 트러블로 인한 피부 케어 상담을 원하는 경우가 많아졌다. 남성분들의 피부 고민을 듣고 케어하다 보면 여자만큼 남자들도 피부에 관심이 많다. 예전과 다르다는 것을 많이 느낀다. 우리 고객님의 소개팅 사연을 말해 보자면 남자들도 피부 케어나 외모 관리에 신경을 써야 되겠다는 생각이 들지 않을 수 없었다. 코로나가 극심하던 시기가 지난 뒤, 소개팅 주선이 들어왔고 직장도 탄탄하고 카카오톡 프로필 사진을 봤을 때도 괜찮은 외모를 가진 듯해 나갈 마음이 생겼다고 하셨다. 그렇게 저녁 자리에 나가게 되었고, 첫 만남은 늘 그렇듯 어색하지만 잘 흘러갔다고 한다. 그러다 시킨 음료가 나왔고, 마시려고 마스크를 벗은 모습을 본 순간, 이 여성분은 찬 음료처럼 마음이 확 식었다고 한다. 카카오톡 프로필사진을 보면 누구나 여드름 하나 없이 매끈한 피부밖에 없다. 이 여성분도 사진 속 모습을 맹신하고 나오진 않았을 것이다. 하지만 마스크 아래로 보인 남성의 하관은 잘생기고 못생기고를 떠나, 흡연자로 느껴지는 흑색의 입술 색과 칙칙한 피부 톤에, 오톨도톨 성 나있고 관리가 안 돼 보이는 모습에 있던 기대감이 찬물 끼얹듯 사라져버린 것이다. 단순히 피부 결이 안 좋아서 느끼는 감정이 아니고, 관리가 안 된 모습은 이성으로 하여금 접촉하기 싫은 기분이 들게 만든다. 나는 이 여성분의 마음이 충분히 이해가 간다. 혹시나 외모만 너무 보는 것이 아니냐는 따가운 시선으로 볼 독자들이 있을 수 있지만, 예전 나도 소개팅을 받았을 때 비슷한 느낌을 느낀 적이 있다. 첫 만남에는 대화의 깊이보다는 전반적인 분위기와 성향만 파악하는 정도인데 모든 것이 나쁘지 않았었다. 하지만 대화 내내 그 남자분의 정리 안 된 손톱과 손톱 안쪽에 보이는 거뭇한 때가 자꾸만 거슬렸다. 머리와 이성으로는 애프터신청을 받아 한 번 더 만나 볼까 했지만, 나의 가슴과 동물적 감각은 그를 다시 만나고 싶지 않았다. 오히려 그 틈 하나가 먹물 퍼지듯 그분의 다른 것들을 무용지물로 만들어버렸다. 나는 그때 이후로 소개팅 때마다 손톱을 보는 이상한 버릇이 생겼다. 우리 남편이 다른 건 몰라도 손톱에 때가 없던 게 정말 다행이다. 까다로운 여자로 보일지 모르지만, 우리 숍에 오는 나의 고객들과 얘기하다 보면 여성들이 잘생기고 키가 훤칠하고, 든든한 직장이 있는 소위 스펙 있는 남성을 바랄 것 같지만, 그 모든 것을 뒤엎을 수도 있는 것이 자기 관리가 안 된 모습이다. 자기 관리가 잘 된 모습을 보이는 것은 평소 생활 습관이나, 태도를 보여줄 수 있는 지표이다.

요즘 시대는 여자뿐 아니라 남자도 피부는 첫 번째로 내미는 명함이다. 자기 관리를 잘하는 사람들은 피부 케어 또한 소홀히 하지 않는다. 무조건 피부숍에 등록하거나, 피부과 레이저를 받으라는 것이 아니다. 우리나라는 사계절의 변화가 있다. 계절이 변할 때마다 변하는 습도, 온도에 따라 때에 맞는 옷을 바꿔 입어준다. 조금 더 관리하는 사람이라면 계절에 맞는 옷 중에서도 본인에게 맞는 옷을 잘 골라 입을 것이다. 그것은 센스의 영역이다. 하지만 한여름에 스웨터를 입거나, 한겨울에 민소매를 입는 것은 기본을 벗어난 것이다. 피부도 계절에 맞게 본인 피부에 맞는 스킨케어로 바꿔주고 돌봐준다면, 충분히 첫 소개팅이나 미팅에서 깔끔한 이미지를 보여줄 수 있다. 마기꾼 말고 '만찢남녀'가 되길 바란다. 네이버 지식백과에 따르면 '만찢남'이란, '만화책을 찢고 나온 남자'를 줄여 이르는 말로 순정 만화 속 주인공처럼 빼어난 외모를 가진 남자를 일컫는 신조어이다.

04

×

지금 나의 피부는
내가 만든 결과물이다

　피부는 타고 난다는 말이 많다. 반은 맞고 반은 틀리다고 생각한다. 아기는 태어나기 몇 개월 전부터 엄마로부터 태반을 통해 면역물질을 물려받는다. 그리고 자가면역항체를 스스로 생성하게 되기 전까지 뱃속에서 받은 물질과, 모유에서 얻는 면역물질로 살아간다. 그리고 그 후 면역물질이 고갈이 왔을 때부터는 아기들은 여러 미생물을 접하여, 스스로의 면역체계를 늘려가고 청소년기 2차 성징을 겪으며 자신만의 면역체계를 완성해간다. 20세 전까지의 면역체계뿐 아니라 피부는 선천적인 영향이 매우 크다. 하지만 25세 이후부터는 모든 사람, 모든 피부는 노화의 총대에서 벗어날 수가 없다. 25세 이후부터 어떻게 살아갔느냐에 따라 생활 습관, 스트레스, 영양분 섭취상태, 라이프 스타일이 피부 상태로 고스란히 드러나게 되어 있다. 타고난 유전자가 동일한 일란성 쌍둥이더라도, 어떤 일생을 보냈는지에 따라 얼굴이 미묘하게 다르고 외모는 물론 풍기는 분위기가 완전히 다른 것을 보았을 것이다. 나는 청소년기 여드름으로 낙심하는 친구들에게 항상 하는 말이 있다. 지금은 타고난 피부 좋은 친구들이 부럽고 피지가 많아 힘들어도 피부에 좋은 습관을 꾸준히 실천한다면 점점 더 좋은 피부를 유지할 것이라고 말이다. 출발점이 다르다고 억울할 필요가 없다. 어떤 분야든 꾸준함과 노력이 후반부의 결과를 가른다.

나는 피부가 굉장히 얇고 외부환경 변화에 민감한 홍조, 예민 피부였지만, 알레르기성 피부질환 혹은 자가면역질환이 없는 것이 다행이었다. 아무래도 공기 좋은 시골에 살아 어렸을 때부터 천연 자연놀이를 통해 미생물과 많이 접했고, 인스턴트 음식은 먹을래야 먹을 수 없고, 자연에서 나는 나물과 제철 과일을 많이 먹은 덕분일 것이다. 감기에 걸려도 며칠 콧물만 조금 날 뿐 이내 사라지던 그런 나였다. 그런 건강 체질이었던 내가 피부질환에 시달리게 된 것은 기숙사 생활을 한 이후부터였다. 기숙사는 오래된 병원 건물 내에 2인실 환자병실을 개조해 만든 허름한 기숙사였다. 바닥은 난방이 되지 않았고 기존 콘크리트 바닥에 장판을 깔아 겉보기에만 그럴싸해 보이게 만든 형태였다. 한여름, 낮에도 형광등을 켜지 않으면 안 되는 어둡고 습한 방이었다. 외부와 연결된 교도소 창문만 한 창이 하나 있었지만 그마저도 이층 침대 때문에 창문이 가려졌었다. 여름 장마철이었다. 이층 침대에 위층에 묵던 나는 어깨 한쪽이 서늘해지는 기분에 눈을 뜨게 되었다. 만져보니 정말로 물에 흠뻑 젖어 있었다. 꿈인가 싶어 볼을 꼬집어 봤는데 현실이었다. 10년 가까이 그 기숙사에서 지낸 선배님은 익숙한 듯 양동이를 꺼내와 천장에서 뚝뚝 떨어지는 빗물을 대비하고 계셨다. 그 선배는 허벅지에 가득 오톨도톨 빨간 두드러기 증상을 달고 사셨다. 장마철이 아니더라도 환기가 잘 안 되는 방은 이불빨래를 해도 항상 꿉꿉했다. 어느 날부터 나는 몸이 너무 간지러워 잠을 잘 수 없었다. 몸에는 분홍빛 반점이 생기기 시작했다. 가려움에 잠을 못 잔다는 것이 얼마나 고통인지 그때 알게 되었다. 가까운 피부과 병원에 가니, 진드기 물림 증상이었다. 나는 듣도 보도 못한 질환이었고, 진드기를 떠올릴수록 징그럽고 간지러웠다. 잠을 깊게 자지 못하니 피부는 당연히 푸석할 수밖에 없었다. 날이 갈수록 20대 초반 푸릇함은 바싹 마른 낙엽처럼 시들어갔다. 1년 반 정도를 약을 바르고 먹어도 피부 증상은 나아질 기미가 보이지 않았다. 그 질환이 나아지기 시작한 건 퇴사 이후부터였다. 진드기 알레르기뿐 아니라, 나는 그곳에서 조갑박리증이라는 손톱이 조개껍질처럼 갈라지는 질환도 생겼었는데 같이 사라져버렸다. 내가 만약 그곳에서 몇 년을 더 머물렀다면 지금 내 피부가 어땠을까 생각하면 끔찍하다. 퇴사한 이유가 피부 때문은 아니었지만, 퇴사 후 나

날이 좋아지는 피부를 보고 정말로 환경이 중요하다는 것을 몸소 깨달았다. 악순환의 고리를 빨리 끊으려면 원인을 빨리 제거하는 것이 중요하다. 서울 살이 월세를 아끼려고 기숙사에 들어간 나는 월세보다 평생 가지고 갈 나의 피부를 잃을 뻔했다. 나는 그때 환경을 바꾼 선택이 지금 나의 피부를 지켜주었다고 확신한다.

신규 상담을 하다 보면, 코 블랙헤드 때문에 내소하시는 분들이 굉장히 많다. 사전 상담지를 꼭 체크하는데, 주관적인 부분이 많아 실제로 봤을 때의 피부 상태와 상담지상 피부 상태의 오차가 큰 경우도 많이 있다. 어떤 여성분이셨다. 이분은 사전 상담지 체크에서 자신의 피부를 주관적으로 판단하는 점수표에서 최악 0점을 주었고, 그로 인해 타인을 만나기도 싫어진다는 것이었다. 20대 후반인 이 여성분은 블랙헤드와 모공축소를 위해 피부과, 에스테틱을 수도 없이 다닌 상태였지만, 일시적인 효과만 있을 뿐 만족하지 못했고 모공 축소를 위해 숍에 방문하고 싶다는 것이었다. 숍에 방문한 그녀의 피부 상태를 보았을 때, 피부는 여러 시술로 많이 약해져 클렌징만 해도 붉은 기가 올라오고, 코 부분은 외부자극에 의해 많이 자극이 된 상태로 피지는 많지 않지만 모공이 늘어나 있었다. 얼굴에 열이 굉장히 많아 얼굴의 나비 존은 모공이 벌어진 상태에 밑으로 늘어나 있는 일자 모공으로 변해가고 있었다. 얼굴 진정과 순환 촉진을 위해 마사지 테크닉을 얼굴 주요 혈 자리 위주로 들어갔다. 얼굴의 열을 순환시켜주니, 금방 안색이 맑아졌다. 그 고객님은 모공축소를 원해 방문했지만, 나의 판단으로는 모공은 둘째고 피부의 열과 순환이 안되어 톤이 칙칙해지고, 예민해져서 붉어진 피부 상태 개선이 급선무라고 생각했다. 피부에 열이 많으면 피부 면역 저하는 물론, 노화 가속도를 불러온다. 게다가 모공의 크기는 열에 의해 가속도로 늘어질 수밖에 없다. 나는 이미 벌어진 모공을 되돌리는 것은 어려운 일이라고 말했다. 대신 오랜 시간 늘어난 상태의 모공은 어렵지만 최근 들어 벌어진 모공이나 열에 의해 벌어져 있는 형태의 경우 조금의 개선은 가능하다고 덧붙였다. 모공보다 중요한 것은 피부의 건강이다. 나는 피부 건강을 위해 케어를 한다면 피부 톤과 결은 당연히 따라올 것이고 앞으로의 모공 노화를 늦출 수 있을 것이라고 설명했다. 피부 상담을 하다 보면 이러한 경우가 굉장히 많다. 남들 눈에는 잘 안 띄지만 본인의 눈에만 유독 거슬리는 부분들이 있다. 주관적인 잣대로 자꾸 건드릴수록 그 부분을 자극하게 된다. 실제로 물리적 자극을 가할수록 조직은 약해지고 피지 분비량이 증가하기도 한다. 게다가 나이 들수록 재생능력은 떨어지는데, 외부 자극을 과하게 주면 탈이 날 수밖에 없다.

얼굴 피부 중에 유독 코 부분의 모공이 굉장히 벌어져 있고, 귤껍질처럼 모공이 뽕뽕 뚫려 있는 분들이 꽤 많다. 특히 유존 부위(양쪽 볼과 턱 부분)는 매끈한 편인데, 유난히 코 부분만 지성 피부처럼 두껍고 모공이 벌어져 있다. 이분들에게 질문해보면 90% 이상이 코 부분 블랙헤드에 열정적인 관리로 주기적인 코팩은 물론 블랙헤드 박멸을 위해 노력해온 분들이었다. 우리의 모공은 피지가 배출되는 통로이다. 블랙헤드는 피지가 쌓여 모공 입구까지 쌓이고 모공이 벌어져 있어 산소와 피지가 만나면 피지가 산화되어 검게 변하는 것이다. 모공 자체는 현저히 줄이거나 늘릴 수 있는 방법은 거의 없다. 교감신경이 흥분하거나 온도 차에 의해 입모근이 수축하긴 하지만, 자율신경계에 의한 것이라 입모근을 어떻게 할 방도는 없다. 그런데 자꾸 모공 속 피지를 뽑아내겠다고 코팩을 해서 뜯어내거나, 물리적으로 자극을 가하면 애꿎은 피부 조직만 손상당하기 쉽고, 오히려 무리하게 자극 받은 코 부분 조직이 탄력을 더욱 잃어간다. 블랙헤드가 고민이라면 차라리 오일류로 살살 녹여내는 것이 낫다. 이런 분들을 케어하다 보면 공통적인 부분이 있었다. 모두 다 해당되는 케이스는 아니지만, 비염이 있거나 코 안쪽 열감이 굉장히 많았다. 그리고 나비 존 '부비동'은 우리 얼굴에 비어 있는 공간으로 일종의 창문처럼 얼굴의 환기 역할을 하는 공간인데 이 부분이 굉장히 굳어져 있었다. 우리의 피부는 피부 속에 염증과 열이 생기면 모공을 열어 열을 발산을 한다. 피지량이 많아 블랙헤드가 피지로 가득 찬 경우도 있지만, 여성 대부분은 피지가 아니라 열에 의해 코 모공이 벌어진 경우다.

나는 피부를 대하는 전제조건이 하나 있다. 그것은 '나무를 보지 말고 숲을 보라.'이다. 나에게 진드기 알레르기를 만들어준 기숙사 바닥 장판처럼 당장 겉으로 피부가 좋아 보이게 만들 수 있지만, 그것은 일시적일 수밖에 없다. 제아무리 시간 여유가 많은 사람이더라도 일주일에 2~3번 피부 케어를 받는 것도 쉬운 일이 아니다. 그러기에 항상 체크해야 하는 것은 본인이 가지고 있는 나쁜 습관이나, 피부에 악영향을 줄 수 있는 환경조건이다. 이러한 피부 상담은 일회성으로 이루어지지 않는다. 유전적으로 타고난 피부 상태도 천차만별인데다, 후천적인 요소까지 고려한다면 단 1회만으로 절대 확언할 수 없다. 피부를 대할 때 미래지향적으로 대해야 한다. 과거에 얽매이거나 현재 피부에 얽매이면 도돌이표가 되기 쉽다. 미래지향적으로 생각해야 한다. 미래 나의 피부는 지금 내가 만든 결과물이다.

05

×

피부가 빛나면
존재감이 빛난다

여자의 인생에서 가장 존재감이 빛나야 되는 때가 있다면 언제일까? 나는 꼬집어 그때를 말하고자 한다면 가장 찬란한 순간인 결혼식이 아닐까 싶다. 평생 처음 입어보는 만화 속 주인공들이 입는 웨딩드레스와, 연예인이 된 것처럼 받아보는 신부메이크업, 연말 시상식 레드카펫 주인공처럼 화려한 조명을 받는 그 순간만큼은 마치 영화배우가 된 듯한 착각이 들 정도다. 나는 20대 초반부터 일찍 사회생활을 시작해서 선배님들의 결혼식에 많이 참석했었다. 나의 기숙사 룸메이트 선배님은 그 당시 30대 초반이셨다. 나는 기숙사 선배님 덕분에 결혼 준비과정을 일찍이 간접경험을 할 수 있었다. 같은 시기 나와 1년 차이가 나는 스물네 살

사촌언니가 갑작스럽게 결혼을 하게 된다는 소식을 들었다. 기숙사 생활환경이 열악하여 나의 룸메이트 선배님은 피부 알레르기 반응과 두드러기를 달고 사셨는데, 결혼 과정에서의 스트레스와 다이어트로 인해 몸과 피부가 엉망이 되어 생기를 잃어가고 있었다. 비슷한 시기에 있던 사촌언니의 결혼식과 나의 룸메이트 선배님의 결혼식 중 사촌언니 결혼식을 먼저 가게 되었다. 언니의 결혼식장은 기분 좋은 싱그러움이 가득 메우고 있었다. 하객, 조명 , 드레스, 음악 모든 요소들이 신부를 위해 준비된 재료들처럼 느껴졌고, 신랑과 신부를 반짝반짝 빛나게 만들어주고 있었다. 사촌언니는 살이 통통하게 올라와 있었다. 전혀 뚱뚱해 보인다거나 미련해보이지 않고 새하얀 피부를 더 건강하고 생기 있게 만들어주는 듯했다. 몇 주 후, 나는 룸메이트 선배님의 결혼식을 가게 되었다. 결혼식장은 매우 크고 웅장했다. 예쁘게 메이크업을 하고 선배님이 반겨주셨다. 선배님은 화려한 색조 메이크업으로 신부화장을 하셨었다. 하지만 어쩐지 푸석푸석한 피부와 지쳐 보이는 안색은 화려한 메이크업과 어우러지지 않고 생기가 느껴지지 않았다. 무리한 다이어트와 스트레스가 컸던 것 같다. 그 전 사촌언니 결혼식을 가지 않았더라면 보이지 않았을 부분이었을 테지만 신부 얼굴이 상반된 두 결혼식을 간 후, 나는 결심이 하나 생겼다. 인생에서의 가장 큰 행사이자 무대인 결혼식에서 신부가 돋보이려면 어떤 메이크업 숍에서 메이크업을 받았고, 어떤 드레스를 입었는지가 아닌 본인의 존재감이 가장 크다고 생각했다. 젊음이라는 것은

나는 샤넬백 대신 피부에 투자한다

어떤 액세서리보다도 빛나게 만들어준다. 그러나 굳이 나이에 연연하지 않더라도 잘 가꾼 피부, 건강한 피부는 그 자체만으로도 어떤 액세서리와 드레스를 갖다 붙여도 빛이 나게 만들어준다.

역사적으로 존재감이 빛났던 고대 미인들은 무엇보다 피부 관리에 소홀히 하지 않았다는 걸 알 수 있다. 한국에서는 대표적으로 조선의 미인 황진이는 다른 그 어떤 관리보다도 피부 관리에 중점적으로 신경을 썼다고 하는데, 그 미모가 너무 아름다워 중국에서도 알 정도였다고 한다. 황진이는 인삼 잎을 말려놓은 잎을 사시사철 매일 차로 다려 마셨다고 한다. 인삼 찻잎에는 몸의 독소를 제거해주는 기능이 있다. 또 인삼 잎에 포함 된 프로콜라겐은 피부의 탄력을 강화해준다. 인삼 찻잎을 우려낸 물로 목욕도 했다고 한다. 몸을 따뜻하게 해주는 차를 매일 마시니 피부를 맑게 해주기에 충분했을 것이다. 중국의 4대 미인 중 한 명인 양귀비는 희고 고운 피부로 장평이 나 있었고, 우윳빛 같았다고 지금까지도 전해지고 있다. 양귀비는 미네랄 온천욕을 즐겨하였으며 당나라 현종은 양귀비만을 위해 해당탕을 지어 하사할 지경이었다고 한다. 화청지에는 온천수는 관절염과 피부병에도 효과가 있으며 현재도 43도의 온천수가 나온다고 한다. 이 온천수에 그녀는 피부에 좋은 각종 한약재까지 넣고 하루 6번씩 온천욕을 하면서 자신의 피부를 가꾸는 정성을 아끼지 않았다고 한다. 이집트의 미인 클레오파트라는 지혜뿐 아니라 아름다운 피부를 지녔었는데, 이집트의 기후 특성상 건성 피부를 가진 사람들이 많았고 클레오파트라는 피부보호를 위해 시어버터를 주로 사용했다고 한다. 지금이야 화장품 원료로 많이 쓰여 우리도 익숙한 재료이지만, 황록색 식물성 유지로 건조한 환경에서도 촉촉한 피부로 만들어주는 보호 작용을 하고, 상처 재생 기능이 뛰어나다. 또한 클레오파트라는 여행길에도 수십 마리의 당나귀들을 끌고 다니며 주기적으로 나귀 젖으로 목욕을 했다고 한다.

우리는 옛 고대 미인들만큼의 권력을 지니고 있지 않고, 연예인들처럼 존재감을 항상 나타내야 하고 뽐내야 되지 않기 때문에 필요성을 많이 못 느끼고 살 수 있다. 하지만 옛 고대시대와 지금의 시대는 매우 다르다. 예전에는 목욕을 하려면 왕이 탕을 지어주어야 했고 우유에 들어 있는 AHA 성분으로 피부각질층을 정돈하기 위해 당나귀 수십 마리가 희생되어야 했지만, 지금은 AHA 성분이 들어 있는 화장품을 쉽게 구할 수 있다. 예전에는 왕비나 부자들만 누릴 수 있었던 것들을 우리는 화장품으로 해결할 수 있게 되었다. 화장품이 너무나도 많아 고르기 어려운 점을 빼면, 누구나 클레오파트라, 황진이, 양귀비보다도 손쉽게 피부 미인이 될 수 있는 시대에 살아가고 있다는 뜻이다. 피부는 좋을 때 지키는 것이 가장 좋고, 혹시라도 피부로 인해 스트레스를 받을 경우 하루 빨리 개선을 위해 노력하는 것이 최선이다. 가장 예뻐야 할 젊은 나이에 우리는 '나

중에, 나중에.'라며 현재를 잃고 살아간다는 생각을 한다. 지금이 행복해야 미래도 행복한 것이다.

요즘 대학생, 취준생 고객분들을 상담하고 케어하다 보면 다들 스펙 쌓기와 맡은 임무들로 청춘을 할애하고 있다는 것을 많이 느낀다. 어느 시대에도 젊은이들이 편한 날은 없었지만, 요즘 젊은이들은 바늘구멍에 들어가겠다고 각종 스펙 쌓기에 바쁘다. 대학에 들어가면 당연하게 하던 동아리 활동, 이성 친구 사귀기, 안 해본 일탈 행동 해보기, 술에 취해보기 등은 이제 옛말처럼 느껴진다. 요즘 대학생들은 대학에 들어감과 동시에 쉴 틈 없는 과제뿐 아니라 취업을 위한 자격증 준비, 시험 준비에 모든 시간을 할애하는 것을 볼 수 있었다. 또 졸업 시즌에 가면 졸업 작품이나 졸업 준비로 놀 새 없이 흘러간다. 내가 대학생이었던 10년 전과 지금은 또 다른 환경에 놓여 있는 젊은이들을 보며 무척 안타깝다. 한창 젊은 나이에 친구들은 잠만 잘 자도 피부가 좋아지기 쉬운데, 그들은 잠 잘 시간도 쪼개가며 피부와 몸 대신 미래 일에 투자하고 있었다. 인생에 피부가 차지하는 비중은 전반에 걸쳐 중요하지만 나는 기왕이면 젊은이들의 청춘이 더욱더 빛났으면 하는 바람이다.

피부가 빛나면 살아가면서 얻을 수 있는 이점이 많지만, 그중에서 가장 찬란한 순간은 결혼식이 아닐까 싶다. 특히 빛나는 피부는 신부에게 대체할 수 없는 빛을 발산시켜준다. 결혼식에서 중요한 것은 식장의 규모, 드레스, 조명, 신혼여행지가 아니다. 결혼반지가 신랑 신부의 믿음과 신뢰를 의미하는 것이지, 어떤 브랜드인지가 중요한 게 아닌 것처럼 식장에서의 중요한 것은 신랑 신부의 존재감이다. 멋진 두 성인 남녀의 존재감은 그들의 눈빛, 태도, 표정, 행동에서 나온다. 잘 갖추어 입은 수제 슈트가 더욱 멋있게 보이는 것은 신랑의 자세나 건강한 몸에서 나올 것이고, 신부의 우아한 드레스가 돋보이는 것은 아름다운 피부 결이 있기 때문일 것이다. 존재감을 빛나게 해주는 것들은 외부 물질에 있지 않다. 우리 몸에 탑재되어 있는 그것들은 살아가는 동안 나의 존재를 더욱 빛나게 만들어준다.

×

피부 리모델링,
지금 해도 늦지 않다

얼굴에서 특히 피부는 자신이 살아온 세월이 고스란히 드러난다. 늘어가는 주름의 개수가 그렇고 탄력을 잃어 축축 처지고 늘어져가는 피부탄력을 보면 나이 가늠이 된다. 어쩌면 젊어 보인다는 말 안에는 피부가 차지하는 비중이 꽤 클 것이다. 이목구비는 성형으로 속일 수 있지만 피부탄력은 속일 수 없기 때문이다. 20대라면 생활 습관 개선과 기본적인 홈 케어로 눈에 띄는 변화를 볼 수도 있지만, 30대 이상부터는 노화 속도가 가속화되기 때문에 습관 개선만으로 큰 효과를 보기에는 무리가 있다. 하지만 무엇이든 시작이 반이다. 지금 가지고 있는 피부를 5년 뒤, 10년 뒤에도 유지할 수 있다면 성공인 것이다. 그래서 피부 케어는 빨리 시작할수록 좋다. 내가 말하는 피부 케어는 피부에 얼마의 돈을 썼는지가 아니다. 자신의 피부에 맞는 방향으로 올바르게 케어한다는 것이다. 피부과 시술을 병행하는 것도 좋지만 기본적인 자기 관리가 되어 있지 않고, 피부과 시술에만 의존한다면 효과를 제대로 보더라도 유지하기가 어려울 수 있다. 20대의 재생력과 50대의 재생력은 차이가 엄청나다. 특히 콜라겐은 피부뿐만 아니라 머리카락, 뼈, 관절 등 우리 인체 단백질의 1/3을 차지하는 구성성분으로 피부의 70%를 차지하는 성분이며, 진피의 90%를 차지하고 있다. 40대부터는 몸속에 콜라겐 합성이 급속도로 줄어들게 된다. 나이 들수록 자외선에 더 조심해야 하는 이유는 자외선에 의해 콜라겐 섬유를 분해하는 효소인 MMP효소가 활성화되고, 생활 자외선을 많이 받은 피부는 MMP효소의 활성도가 높아져 콜라겐의 양은 적어지고 노화가 가속화될 수밖에 없기 때문이다. 적어도 30~40대 이상부터는 스킨케어뿐 아니라 이너뷰티를 병행했을 때 더 좋은 효과를 볼 수 있다. 우리 몸의 피부는 노화의 과정을 보여주는 대표적인 척도와 같다. 나이가 젊을 때는 트러블이 많은 피부가 아니고서야 유행하는 옷, 아이템에 관심이 많지만 나이 들어서는 그 어떤 아이템보다 대체 불가한 피부와 몸매에 중점을 둔다. 그동안 방치했거나 관심을 기울이지 못한 기록들이 눈으로 보이기 때문이다.

코로나를 겪으면서 주변을 보면, 비트코인이나 주식으로 성공한 사례들을 많이 볼 수 있다. 실제 나의 가까운 지인도 1억 이상 벌어 차를 바꾸었다. 이뿐만 아니라 우리는 주변에서 한탕 대박을 친 사람들을 많이 볼 수 있다. 위기 속에 기회가 있는 것은 사실이지만 분명 그전부터 위기를 기회로 볼 줄 아는 통찰력과 공부가 있었기에 가능했던 것이다. 하지만 겉면만 보는 이들은 단지 운으로 치부하거나, 로또에 당첨된 것으로 오인한다. 운으로 버는 경우도 있지만 그것은 단기적으로 수익으로 보일지 몰라도 장기적으로도 수익이라고 보기 어렵다. 주식이나 비트코인에는 수익률이 큰 만큼 위험이 따른다. 하지만 저축의 경우 수익은 크지 않아도 원금은 보장된다. 위험도 적다. 차곡차곡 쌓아가기만 하면 원금이 불어난다. 나는 피부 케어는 이런 저축이라고 생각된다. 하루하루의 쌓인 원금이 복리로 쌓여가는 적금 말이다. 단기적으로는 큰 이익이 안 보이더라도 장기적인 안목으로 봤을 때 복리의 효과는 엄청 다른 결과를 가져온다.

  일반적인 피부라면 식이요법과 주기적인 운동, 기초 스킨케어만 신경 쓴다면 몸의 신진대사에 의해 피부세포에도 영양분이 잘 전달되고 따로 큰돈 들이지 않더라도 건강한 피부를 유지할 수 있다. 하지만 여자들이 따로 시간 내어 피부 케어를 받는 이유는, 전문적인 관리와 더불어 동기 부여가 되기 때문이다. 운동을 등록하여 개인 관리를 받고 식습관도 교정하여 본인이 원하는 몸무게를 감량하더라도 꾸준한 관리를 하지 않으면 다시 돌아가기 일쑤다. 그만큼 꾸준한 관리라는 것이 생각만큼 쉽지 많은 않다. 근육은 우리의 의지대로 움직일 수 있는 근육이고, 탄력성이 좋아 근육량이 감소되더라도 다시 운동을 한다면 나이가 들어서도 근육질의 몸매를 가질 수 있다. 하지만 피부는 수의적으로 피부를 탱탱하게 만들어주는 탄력 섬유들을 조절할 수가 없다. 나이 들어 노력한다 하여도 이미 잃은 피부 탄력성을 만들기는 어렵다. 그래서 더욱 더 피부를 젊게 유지하고 싶다면 중요한 것은 예방이다.

어떤 것이든 가장 빠른 때는 오늘, 지금이다. 태어나는 데에는 순서가 있어도 가는 날은 순서가 없다는 말도 있지 않은가. 오늘이 가장 젊은 날이고 오늘의 피부가 가장 젊은 날이다. 우리는 서서히 늙어가고 있지만 인지하지 못하고 있다. 노화를 거스를 순 없지만 또래에 비해 비교적 젊은 피부를 가지고 있다면 20대 피부는 아니더라도 친구들이나 지인들에게 항상 피부로 칭찬받거나 주변에 부러움을 살 일이 많아진다. 10대, 20대 때는 피부보다는 옷이나 액세서리를 부러워하지만, 나이가 들수록 여자들은 좋은 피부를 부러워한다. 이유는 돈으로 살 수도 없고, 노력한다고 당장 예전으로 돌아갈 확률도 적기 때문이다.

우리 숍에 오는 대부분의 고객층은 젊은 나이대지만, 히스토리를 들어보면 어쩌면 여자의 인생은 피부 케어를 받을 수 있을 때와 없을 때로 나

넌다고 생각이 든다. 20대분들은 이제 막 사회생활을 시작하고 처음으로 스스로 돈을 벌어 자신에게 돈을 쓰는 게 재미있는 시기이다. 결혼 전까지 온전히 자신에게 집중할 수 있는 적기이다. 자기계발도 열심히 하고, 자신을 위해 투자를 아끼지 않는 모습들이다. 이런 분들은 여러 숍을 최근까지 다녀 보다가 우리 숍까지 오게 되는 경우가 많다. 또 퇴근 후 개인PT나 필라테스, 골프 등 자신의 취미생활도 놓지 않고 한 사람으로서의 삶을 영위해 나간다. 그 이후의 나이대는 나이 불문 결혼 후 자녀계획이나 출산에 의해 극명하게 나뉘게 된다. 안타깝지만 내가 겪은 실제 상담을 바탕으로 나온 사실들이다. 보통 첫 상담 시 그 전 케어를 받은 등의 이력들을 물어보는데, 30대 중반을 넘어선 분들 중 대부분은 결혼 전에 다녔던 경험이 있었으나, 출산과 동시에 시간 여유가 없었고 아이들이 초등학교 입학할 때 즈음 여유가 생기기 시작하여 다시 찾아오기 시작하신다. 사회적 분위기가 육아를 여자의 전유물이 아닌, 부부가 함께하는 것으로 조성되어 있어 여성들도 시간 여유만 되면 주변을 의식하지 않고 당당히 케어 받을 수 있다는 게 다행이다. 나는 아직 출산을 겪어보지 않았지만 육아와 자기 관리를 잘하시는 분들을 보면 참 존경스럽다.

피부 리모델링하기에 좋은 적기란 없다. 마음먹기에 달려 있다. 나이들어서 뒤늦게 성공하는 사람들을 보면 남다른 점이 있다. 모두 하나같이 실행력이 받침이 되었다. 우리는 많은 걸 이미 알고 있지만 하지 않고 머릿속에 담아두는 것들이 너무도 많다. 자신의 나이를 지금 혼잣말로 되뇌어보고, 지금 이 나이의 피부를 10년 뒤에도 간직하겠다는 마음으로 하나씩 해나가보자. 피부 나이는 본인이 만들어가는 것임을 잊지 말자.

07

×

누구나 아름다워질
권리가 있다

나는 어렸을 적 할머니 손에 자랐다. 할머니와 나의 나이 차이는 무려 60세이다. 우리 할머니는 돌도 안 지난 갓난아기를 60세부터 키워주셨다. 여자의 삶은 고스란히 외모에 드러난다는 것을 나는 일찍 깨달을 수밖에 없었다.

우리 할머니는 줄줄이 오빠들 사이로 태어난 딸이었다. 그래서인지 아버지에게 유독 사랑을 많이 받으셨고 부유하진 못했지만 보살핌을 많이 받고 자라셨다. 그래서 시집도 늦게 보내게 되었고 온실 속 화초처럼 자란 우리 할머니는 그 당시 또래보다 늦은 나이 21세에 시집을 가게 되었다. 할머니 얘기에 따르면 그 당시에는 워낙 일찍 시집을 보내서 초경을 시작하기도 전에 시집가는 경우도 더러 있었다고 한다. 우리 할아버지는 집안 대대로 교육자의 길을 걸어온 여유 있는 집안의 막내아들이었고, 다른 형제들과 달리 공부보다는 오락과 술을 즐기셨다고 한다. 그래서 할머니는 할아버지가 저지른 일 뒤치다꺼리와 만행들로 온실 속 화초에서 잡초가 되어갔다. 할머니는 보리밥도 못 먹는 찢어지는 가난을 겪어야 했었고, 막노동은 당연하며 갓난아기를 등에 업고 남의 밭에 가서 허드렛일을 도와 품삯을 받으셨다고 한다. 소녀 같던 할머니는 점점 거칠어지고 단단해져 갔다.

그렇게 6남매를 성인이 될 때까지 기르셨고, 막내딸이 시집갔을 무렵 할아버지는 음독으로 인해 60을 갓 넘어 돌아가셨다. 그래서 우리 할머니는 일찍 과부 신세가 되었고, 둘째 아들이 이혼하여 남긴 애들 둘을 키우는 신세가 되었다. 그렇게 우리 할머니의 얼굴은 평생 노동으로 뙤약볕에 그을려 까맣게 변했고, 눈가의 주름은 인생의 풍파만큼 깊어져 있었다.

내가 어렸을 적 기억하는 할머니는 그래서 까맣고 거칠고 억센 할머니였다. 동네에서 소문난 호랑이 할매였다. 그런 할머니는 가끔씩 읍내를 나가거나 행사가 있을 때 할머니는 어디선가 빨간 소쿠리를 꺼내어 오셨다. 그 소쿠리 안에는 오래된 가루 타입 파우더가 있었고 거의 다 써서 돌려도 립스틱 머리가 나오지 않는 빨간색 루주가 들어 있었다. 그리고 동그라미 거울이 있었다. 아무리 삶이 할머니를 거칠게 만들어도 가끔씩 할머니의 내면에 소녀가 있다는 것을 확인하는 듯했다. 할머니는 어린 나에게 새끼손가락으로 루주를 찍어 보이시며 "너도 발라주랴? 할매 이쁘냐잉?" 하시며 너스레웃음을 짓기도 하셨다. 할머니의 그런 모습이 낯설지만 귀엽게도 느껴졌다.

나는 피부숍을 운영하며 다양한 연령대의 여성을 만나본다. 그녀들은 나이도 다르고 자라 온 환경도 다르고, 직업과 성격도 하나같이 똑같은 사람이 없다. 내가 이 일을 하면서 겉으로 보이는 피부 개선을 했을 때 보람도 굉장히 크지만 무엇보다 내면의 소녀를 만나게 해줄 수 있다는 것에 기쁨을 느낀다.

마치 우리 할머니가 장에 나가는 날만큼 루주를 곱게 바르고 내면의 소녀를 만났던 것처럼 말이다. 누구나 삶에 치이거나 환경에 의해 자신의 아름다움 내면에 숨어 있는 아름다움을 향한 욕망이 절제되거나 가려질 수 있다. 여성은 남성과 다르다. 본인의 아름다움을 뽐내고 싶고, 예뻐지고 싶은 것은 당연하다. 이 당연한 것을 포기할수록 자신감과 자존감을 잃어갈 수밖에 없다.

"사막이 아름다운 것은 어딘가에 샘을 숨기고 있기 때문이다."

— 생텍쥐페리

내가 해주는 일은 샘을 찾아주는 일이다. 누구에게나 샘이 있다. 그 샘은 곧 본인만의 매력이자 아름다움이다. 나는 특히나 일대일 케어만 하다 보니, 정말 조심히 내면에 숨겨져 있던 아름다움을 갈망하던 분들이 찾아오는 경우가 더러 있다. 나는 어렸을 때부터 수많은 알바, 일찍이 사회생활을 해온 터라 많은 사람들을 만나다 보니 보려 하지 않아도 저절로 그 사람이 어떤 마음인지 눈에 보인다. 그리고 아픔 있는 사람을 특히나 더 잘 알아본다. 시대가 많이 변했다고 하지만 아직까지 여성의 경우 육아의 분담이 더해질 수밖에 없다. 사회생활을 하던 여성이 갑자기 결혼을 하여 아기를 낳고 키우다 보면, 몸과 마음이 결혼 전 반짝이던 자신과 너무도 멀어져 있는 것을 깨닫는다. 가정에서 얻는 안정감, 예쁘게 자라나는 자식들을 바라보는 것도 행복하지만 그러다 보니 정작 본인의 행복을 뒷전으로 두는 경우가 많다. 그러다 문득 거울을 보게 되고 초라해진 자신의 모습에 누군가를 만나기가 싫어진다. 아침에 출근하는 과거의 자신과 비슷한 여성들을 볼 때면 나도 저런 때가 있었지 하며 장을 보러 나간다. 그렇게 자식들을 다 키워내고 결혼시키고 나서 거울에 비친 나를 보았을 때 곱고 당당했던 나는 어디로 갔는지 안 보이고 괜히 쓸쓸해진다.

아름다움은 단순히 텔레비전 속 연예인처럼 이목구비가 뚜렷하고, 날씬하고, 예쁜 옷을 입는 것이 아니다. 아름다움은 저마다의 정의가 다르다. 행복의 기준이 개인의 가치관마다 다른 것처럼 아름다움도 본인의 정의하는 것이다. 그리고 각자의 샘에서 나온 아름다움은 계절처럼 물들어가고 성숙해지는 것이다. 20대의 아름다움은 봄날의 새싹처럼 싱그럽고 풋풋하고, 뜨거운 여름처럼 열정적이다. 결혼 후 30대~40대 이후의 여성은 가을처럼 풍요롭고 깊으며, 무엇을 하지 않아도 노을처럼 아름답다. 완숙미가 느껴지며 풋풋한 쌩쌩함이 범접할 수 없는 분위기를 자아낸다. 50대 이상 노년기로 접어드는 여성의 주름에는 이탈리아 장인이 한 땀 한 땀 공들여 만든 명품가죽보다 깊은 고귀함이 담겨져 있고, 말과 행동에서 돈으로 살 수 없는 지혜와 덕이 흘러나온다.

〈응답하라 1998〉 드라마를 보았는가. 여러 회차 중에 스치듯 지나갔던 장면 중 하나가 나의 마음을 씁쓸하고 슬프게 만들었다. 드라마 속 정봉이 엄마는 복권에 당첨되어 부자가 되었고, 덕선이 엄마는 그 집 지하 셋방을 살며 남편이 벌어오는 월급으로 근근이 삼남매를 키워간다. 덕선이 엄마와 정봉이 엄마는 둘 다 오로지 자식들이 건강하고 행복하기만을 바라는 마음뿐이다. 덕선이 엄마는 매일 밤 나오지 않는 로션 통을 탁탁탁 털어가며 한숨을 쉰다. 정봉이 엄마의 화장대는 고급 화장품들로 가득 차 있다. 이 장면은 스치듯 지나가서 못 본 사람이 많을 수 있지만 나는 유독 이 장면이 뇌리에 박혔다. 비슷한 나이로 살아가는 두 여성이 자신을 가꿀 여유가 있느냐 없느냐가 극명히 드러난 것이다. 물론 이제 시대가 변해 대부분의 사람들이 로션을 사서 바를 수 있게 되었다.

중요한 것은 누구나 아름다워질 권리가 있다는 것이다. 시대가 아무리 변해도 변하지 않는 것이 몇 가지 있다면 그것 중 하나는 여성은 누구나 아름다워지고 싶어 하고 누군가의 아내, 엄마를 넘어서 아름다운 여성이고 싶어 한다는 것이다. 예전에는 결혼한 여성이 노출한 옷을 입거나 화장을 짙게 하거나 외모에 너무 투자를 하면 아니꼬운 시선들이 많았지만 지금은 그렇지 않다. 특히나 요즘은 개성 있는 아름다움과 나이가 들어 외모를 꾸민다 하여도 누가 뭐라 하지 않는다. 심지어 나이가 들어 꿈에 도전하여 시니어 모델이 되기도 하고, 박막례 할머니처럼 자신의 재능을 발견하여 유명한 유튜버가 되기도 한다. 그리고 마음만 먹으면 손가락 하나로 어플을 실행하여 화장품을 구매할 수도 있다. 이렇게 도전하기 쉽고, 구입하기도 쉬운 세상에 살아가고 있지만 아직도 자신을 방치하거나 자기 자신보다 가족을 위하고 자신의 아름다움을 위한 투자는 사치처럼 여기는 여성들이 더러 있다.

아름다움은 누군가 챙겨주지 않는 것이다. 자기 자신을 사랑하고 아낄 줄 아는 여성이 아름다울 수 있으며 아름다워질 자격이 있다. 아름다워질 권리는 누구에게나 주어지지만 그것을 쟁취하는 것은 본인의 선택이다. 세상은 불공평한 것 같지만 반대로 또 평등하다. 욕망을 숨기지 말고 드러내야 아름답다. 나이를 불문하고 이제는 당당히 드러낼 줄 아는 여성이 비로소 아름다워질 수 있다.

In the end,

inner beauty is revealed on the outside.

A woman with a dream never grows old.

2장

×

현명한 여자는 명품백 대신 자신에게 투자한다

01

×

아름다움에는 공부와
노력이 필요하다

There is no time for cut-and-dried monotony. There is time for
work. And time for love. That leaves no other time!

무미건조한 단조로움에 할애할 시간은 없다. 일할 시간과 사랑할 시간
을 빼고 나면 다른 것을 할 시간은 없다!

– 가브리엘 코코 샤넬(Gabriel Coco Chanel)

21세기를 살아가는 여성이라면 나의 책 제목에서도 나와 있듯, 샤넬백
을 모르는 여자는 찾기 힘들다. 코로나 시기 양극화된 소비로 샤넬뿐만

아니라, 여러 명품 소비의 인기는 식을 줄 모르고 타오르고 있다. 그렇게 명성이 자자한 소위 꿈의 백이라고 불리는 샤넬백은 새벽부터 줄을 서서 대기표를 받는 오픈 런까지 있을 지경이다. 많은 여성들이 샤넬백의 종류와 가격은 알고 있지만 그와 달리 샤넬을 창시한 가브리엘 샤넬에 대해 궁금해하거나 아는 사람은 많이 없다.

가브리엘 샤넬은 100년이 지난 지금도 명성이 자자한 명품 샤넬 브랜드 이미지와 반대로 1883년 프랑스의 남서부 작은 마을 가난한 집에서 태어났다. 젊은 나이의 어머니가 돌아가시자마자 아버지의 손에 뿔뿔이 남자형제들은 소작농 일꾼으로, 여자아이들은 수도원 일명 고아원에 맡겨지게 되었다. 그 여자아이 중 한명이 가브리엘 코코 샤넬이었다. 그곳에서 가브리엘은 검은 옷을 입도록 교육 받았으며, 홀로 몇 시간을 고독으로 보내기도 했다. 그곳에서 수녀들에게 배운 바느질 솜씨를 바탕으로 모자 브랜드를 시작한 샤넬은 의상, 무대 의상, 지금의 명품잡화류까지 두루 갖춘 샤넬 브랜드로 성장시킨 것이다. 그녀의 화려한 남성들과의 사생활에 대해선 죽음 이후에도 여러 설이 있고 러시아의 스파이 활동을 했는지 진위 여부를 알 수 없지만, 분명한 것은 그녀는 처음부터 모든 것을 갖추고 있던 것이 아니었으며, 평생 샤넬이라는 브랜드의 가치를 창출해내는 일을 하였고 그로 인해 본인의 타고난 미적 감각과 재능을 스스로가 발휘하고, 죽음이 오기 전까지 샤넬을 부활시키고 죽음 뒤에도 우리에게 영향을 주고 있다는 것이다. 샤넬백은 한 여성의 고귀한 일생과 그 가치가 녹아 있는 산물인 것이다.

우리는 부러운 대상을 보거나 나보다 잘난 사람을 보면 시기심을 느낀다. 그리고 어떻게 저럴 수 있을까? 자신과 태생이 다른 존재로 여기거나, 빠른 시일 안에 이룬 것으로 판단해버리는 경향이 있다. 로버트 그린의 책, 『인간 본성의 법칙』에 나오는 내용에 따르면 인간은 누구나 시기심 질투심이 내재되어 있고, 나보다 월등하거나 내가 가지지 못한 것을 상대가 가지고 있을 때 시기심이라는 감정이 훅 느껴지고, 그것을 감추기 위해 숨겨야 할 동기를 만든다고 한다. 그렇게 동기를 만들고 스스로 자기 자신을 설득하고 나면, 이제 남들도 밑바닥에 있는 시기심을 알아채기가 힘들어진다고 한다.

책의 저자는 인간이라면 누구나 나타나는 자연스러운 감정이기에 죄책감을 느낄 필요도 없으며 이것을 제거하는 것은 거의 불가능하다고 한다. 우리가 염원해야 할 사항은 자꾸 비교하려는 성향을 서서히 뭔가 긍정적이고 생산적이고 친사회적인 것으로 전환하는 것이라고 말한다. 우리 모두는 원석이다. 가지고 있는 원석의 색과 종류가 다를 뿐 내재되어 있는 아름다움이라는 가치를 모두가 가지고 있다. 하지만 이 원석을 그대로 두기만 하고 알아보지 못한다면 그저 가치 없는 돌덩어리에 불과하다. 우리 눈에 보이는 아름답고 매력 있는 여성들이나 성공한 사람들은 자신의 원석을 빨리 캐치하고, 자신이라는 원석을 수없이 가공하고 노력하고 실패를 반복하여 보석으로 탄생시킨 것이다.

'아름다움'과 '예쁨'의 차이는 무엇일까? 아름다움은 자연, 태도, 어떠한 사건이 될 수 있고, 그 대상이 물에 머무르지 않는다. 그리고 군더더기가 없다. 우리는 보통 고귀한 것들을 보면 예쁘다고 하지 않고 아름답다고 표현한다. 출산의 고통을 넘기고 아이를 바라보는 산모의 따뜻한 눈, 해질녘 퇴근길 바라보는 노을, 두 남녀가 사랑의 결실을 맺는 장면 같은 것들 말이다.

여자는 나이 들수록 '당신 참 예쁘네요.'라는 말보다 '당신 참 아름답네요.'라는 말을 더 좋아한다. 이유는 예쁘다는 말은 단순히 외모 껍데기만을 말하는 것이고 아름답다는 것은 그녀의 태도, 목소리, 분위기 등을 모두 담은 것이기 때문이다. 이러한 것들은 절대 하루아침에 만들 수 없는 것들이며, 흉내 내기도 힘든 것들이다. 산모가 아이를 만나려면 10개월이라는 힘든 임신의 시기를 겪어야 하며, 무언가 인내한 하루가 있기 때문에 퇴근길 노을빛이 아름답게 느껴지는 것이고, 두 남녀의 결혼장면이 아름다운 것도 그들의 식장에 들어서기까지의 둘의 노력이 있기 때문이다. 이처럼 모든 아름다운 것들에는 시간과 노력이라는 것이 가미되어 있기에 아름다운 것이다.

아름다워지고 싶다면 첫째, 자신의 동경하는 이미지를 떠올리고 명확해야 한다. 내가 어릴 때부터 바라던 여성상은 부드러운 카리스마와 우아함을 겸비한 커리어 우먼이었다. 내면은 단단하지만 외면은 언제나 부드러운 미소를 띠고 있으며, 언제라도 말을 걸면 날카로움이 아닌 부드러운 카리스마가 느껴지는 그런 여성이 되고 싶었다. 하지만 나는 타고난 기질이 덜렁대고, 숙제도 자주 까먹는 카리스마라고는 찾아볼 수 없는 천방지축 소녀였다. 우아함과는 아주 거리가 멀고 친구들에게 이미지도 '깨발랄스러운' 귀여운 이미지뿐이었다. 하지만 나는 항상 고급스럽고 우아한 여성이 될 거라고 늘 머릿속에 상기시켰다. 또 그런 이미지와 비슷한 연예인이나 사람을 보면 기억해 두거나 출력하여 눈에 보이는 곳에 두고 그들의 행동이나 언어습관, 인터뷰 내용을 눈여겨 체크해보고 따라 했다. 요즘 나를 만나는 고향 친구들은 나를 보고 이미지가 많이 변했다고 한다. 얼굴은 비슷한데 차분한 이미지로 완전히 바뀌었다고 한다. 켜켜이 쌓인 노력들은 분명 시간에 따라 드러나게 되어 있다.

둘째, 떠올리는 이미지를 매일 상기시키고 그에 맞는 구체적인 항목을 만들어야 한다. 서울대에 가고 싶어 하는 학생이 있다고 생각해보자. 무엇을 해야 하는가? 당연히 공부를 열심히 해야 한다. 그리고 학습계획을 짜야 한다. 학습계획을 짜지 않은 공부는 중구난방일 수밖에 없고, 결국 길을 잃기 마련이다. 서울대학교 정문 사진을 책상 앞에 붙여만 놓는다고 절대 입학할 수가 없다. 아름다움도 똑같다. 내가 되고 싶은 이미지나 모델을 상기시키는 것에서 멈추는 것이 아닌, 그렇게 되려면 무엇을 해야 하는지, 하지 말아야 하는지 구체적인 항목을 세분화 시켜야 한다. 예를 들어 우아한 여성이고 싶으면 패션스타일, 걷는 자세, 먹는 자세, 쓰는 언어들을 연구해야 한다. 그리고 그 항목에 걸맞는 당장 실행할 수 있는 실천방법도 써놓는 것이다.

셋째, 항목들을 만들었다면 하지 말아야 할 것부터 선행하고, 새로운 습관을 꾸준히 해나가자. 항목을 만들었다면, 99% 완성된 것이다. 살을 빼기로 했다면 야식 먹는 습관 같은 안 좋은 식습관부터 제거해야 하고, 그다음 꾸준한 운동이 병행되어야 한다. 언어순화를 하기로 했다면 매일매일 내 입으로 나오는 거친 단어들을 제거하고, 순화된 단어 들을 흡수해야 한다. 집 상태가 엉망진창으로 더러운데 고가의 제품을 들여 놓는다고 그 가치를 느끼기가 어렵다. 한 사람의 아름다움도 마찬가지다. 우선 나쁜 습관들을 제거해야만이 좋은 것들이 빛을 발한다.

아름다움을 만들어가는 데에는 많은 시간과 노력이 필요하다. 암기식 지식이 아닌, 삶에서 우러나오는 지혜와 같기에 하루, 일주일, 한 달 만에 뚝딱 만들 수 있는 것이 아니다. 너도나도 아는 것이 많아 지식인들이 지천에 널려 있지만, 지혜로운 한 사람을 떠올리자면 찾기 어렵지 않은가? 그렇듯 아름다움을 이루는 것들을 오랜 기간 자신을 위해 길들이기를 반복한다면 분명 나이 들수록 성형으로 만들 수 없는 대체 불가한 아름다움을 지닌 여성이 될 것이라 확신한다.

지금, 나를 가꿔야
미래의 나도 아름답다

'가꾸다'의 사전적 의미는, '무언가를 기르는 장소 따위를 손질하고 보살피다. 몸을 잘 매만지거나 꾸미다. 좋은 상태로 보살피고 꾸려 가다.'라는 뜻이다.

자, 눈을 감아 보자.

그리고 이 책을 펼치기 하루 전, 한 달 전, 1년 전, 5년 전 모습을 떠올려 보자. 지금의 일상과 5년 전 일상이 차이가 있는가? 지금 같은 일을 하고 있고 그때의 모습과 지금의 모습은 별반 차이가 없는가? 아니면 더

볼품이 없어졌는가? 그렇다면 '외적인 나'의 모습 말고, '내적인 나'는 성장하였다고 생각이 드는가? 무엇이 변화되었다고 생각이 드는가? 아니면 '내적인 나'도 잘 모르겠는가? 미국 유명한 창업가이자 동기부여가 게리 베이너척은 청년들에게 "미래의 8년에 신경 쓰지 말고, 코앞에 8일에 집중하는 삶을 살라"고 말했다. 그리고 그는 또한 일관적으로 최대한의 경험을 쌓으라는 말을 한다. 사람은 쉽게 변하지 않는다. 무언가 목표를 세우는 일은 많지만 그 목표를 이룬다는 것만큼 어려운 것이 없다. 목표가 거창할수록 한 발짝 나아가기가 어렵다. 매년 우리는 새해 목표, 버킷리스트를 수없이 작성하지만 기록만 할 뿐, 목표를 향한 실질적인 단기 계획이나 중간 점검도 하지 않는다. 왜 그럴까? 그것은 목표를 바라지만 목표를 이루기 위한 리스크나 변화를 감수하기보다, 현재가 제공해주는 안락함을 선택하거나 작은 단계 없이 거대한 목표를 설정했기 때문일 수 있다. 그렇게 해놓고 주어지는 24시간을 그렇게 흘러가는 대로 인스타그램, 페북, 웹서핑을 허우적거리다 소중한 하루가 끝나버리고 1년이 또 흐른다.

나는 500명이 넘는 피부 코칭을 하며, 똑같은 이치를 발견했다. 요즘 같은 정보과다 시대에 뷰티아이템, 뷰티상식은 넘쳐나다 못해 홍수 상태이다. 그런데도 왜 사람들은 날이 갈수록 피부가 엉망이고 나 같은 전문가를 찾아오는 것일까? 그것은 무엇을 해야 할지 모르거나, 무엇 하나라도 실행해보지 않았기 때문이다. 무엇을 해야 할지 판단이 선다는 것은 무수히 많은 경험을 해보았기 때문이다. 경험 없이는 아무것도 내 것이 될 수 없다. 살을 빼고 싶으면 인터넷 검색을 해서 하나씩 실행해보면 된다. 덜 먹고 더 움직이는 것. 이렇게 상식적인 내용만 알아도 그것을 위한 실행만 있다면 큰돈 들이지 않아도 살은 금방 빠질 것이다. 나를 가꾼다는 것이 어마어마한 일을 해야 하는 것이 아니다. 매일 영혼의 양식을 주고, 육체의 양식을 올바르게 주면 된다. 또 본인이 원하는 목표를 매일 상기시키며 그것에 도달하기 위한 작은 단계들을 묵묵히 밟아가는 것이다.

나는 어렸을 적 예쁘지도 잘난 것 없는 키 작고 통통한 여학생이었다. 심지어 아빠는 사춘기 소녀에게 조선무를 달고 다닌다며 딸을 놀려대기까지 했다. 사실 지금도 이렇게 떠오르는 것을 보면 무척 서운했던 것 같다. 나는 어른이 되었을 나의 모습을 상상했다. 대학생이 되어 예쁜 옷을 입고 남자친구도 생기고 뾰족구두를 신고 걷는 나를 상상했다. 그리고 수능이 끝났고 이제 그렇게 될 줄 알았다. 하지만 거울 속 비친 나의 모습은 그냥 뚱뚱한 햄스터였다. 공부를 핑계 삼아 먹어댄 음식들은 고루고루 나의 상체와 하체에 퍼져 뚱보 같았다. 그 몸뚱이로는 절대 내가 상상하는 대학생 언니가 될 수 없었다. 나는 두려움을 참고 더 이상 이렇게 살 수 없다는 생각에 체중계에 올라갔다. 이 책에 처음 공개하는 것이지만 키 155cm에 몸무게가 60kg이 넘어갔다. 나를 방치한 하루하루가 쌓여 그 지경에 이른 것이다. 나는 없는 돈 있는 돈 쥐어짜내어 헬스장에 등록했다. 수능이 끝난 직후라 집 밖을 나가는 것 자체가 하나의 시험대였다. 그래도 추운 바람을 이겨내고 헬스장에 들어가기만 하면 운동은 어떻게든 하게 됐다. 그리고 운동한 것이 아까워 저녁에는 잘 먹지 않게 됐다. 다이어트를 해본 사람이라면 알 것이다. 처음에는 잘 빠지다가 적응이 되어 정체기가 온다. 우리 몸의 지방은 체온조절을 위한 에너지 저장소이기에 어쩌면 당연한 반응이다. 그리고 우리 몸은 항상성이라는 게 존재하여 원래의 몸무게에서 벗어나면 위험으로 감지하여 다시 돌아가려는 성질이 있다. 가끔씩 지쳐 일명 치팅데이를 갖기는 했지만 내가 원하는 목표까지 가는 것에 멈추지 않았다. 그 하루하루가 쌓여 나는 결국 8kg을 감량하여 아주 마르진 않았지만 내 마음에 그럭저럭 만족할 정도가 되었고 내 머릿속 상상했던 대학생 언니 모습에 가까워졌다.

뻔한 말이지만 상상을 현실로 만드는 것은 실행력이다. 그때 만약 내가 포기하고 뚱뚱보 햄스터로 대학생활을 했더라면 내가 누군가의 피부를 코칭해주고 동기부여를 해주는 원장이 될 수 있었을까? 나의 숍에 오는 고객님들은 나에게 피부 케어를 받고 좋아하기도 하지만, 나와 일상, 생각을 소통하면서 기분이 좋아지고, 무언가 해낼 수 있을 것 같다는 긍정적인 피드백을 받으면서 고마워한다. 나는 어릴 적 내가 상상했던 대학생 언니, 성공한 어른으로 그렸던 모습에 가깝게 살아가고 있다. 이것은 그냥 상상만으로 이루어진 걸까? 아니다. 하루하루가 쌓여 지금의 나를 만든 것이다. 다이어트를 제대로 해본 사람은, 또 살이 찌더라도 마음만 먹으면 어느 정도는 또다시 감량할 수 있다. 나는 체질적으로 살이 잘찌고 잘 붓는 체형이다. 키가 작아서 다행히 덩치가 커 보이지 않지만 보이지 않는 노력을 꾸준히 한다. 최근에는 미라클 모닝으로 런닝을 시작하여 31일을 꽉 채웠다. 뻔한 말이지만 일단 뭐라도 시작해보는 것이 중요하다. 말로만 그럴싸하게 포장되어 있는 사람의 본 모습은 결국에는 드러나기 마련이다. 내실 있는 사람은 하루를 허투루 보내지 않는다. 하루를 보면 그 사람의 인생을 알 수 있다.

코로나로 인하여 마스크 속 트러블이 발현되어 오시는 고객들이 무척이나 많았다. 나는 그런 분들께 코로나가 트러블은 만든 것이 아니고, 언제라도 트러블이 생기기 쉬운 피부 상태였을 거라고 말씀드린다. 만약 코로나가 트러블을 만든 것이라면 전 국민이 마스크를 쓰고 다니는데 누구는 트러블이 안 생기고, 특정인들에게만 발현이 되는가? 물론 마스크속 습도와 온도로 인해 쉽게 균이 발현되거나 면역을 떨어뜨릴 만한 환경이 조성되기는 한다. 피부는 보호 기능도 하지만 호흡을 하는 기관이기 때문이다. 하지만 피부 호흡은 전체 호흡의 1% 미만을 차지할 뿐이다. 마스크를 탓하기 전에 본인의 피부 면역을 떨어뜨릴 수 있는 생활 습관부터 고치는 것이 급선무이다. 똑같이 피부코칭을 하지만 어떤 분들은 개선 속도가 빠르고, 또 어떤 분들은 개선 속도가 더디다. 나는 신규 회원으로 오는 모든 분들께 피부 상담지와 코칭 가이드를 배포한다. 그리고 피부 케어가 끝날 때까지 그 가이드지를 곳곳에 붙여놓거나 매일 보고 가이드대로 실행하라고 한다. 상담지 속 내용들은 전부 생활 습관들이다. 좋은 화장품을 바르거나 일주일에 한 번 피부숍에 와서 케어를 받는다고 하여 마법처럼 피부가 좋아질 것이라고 생각한다면 오산이다. 피부 상담 시 나는 고객의 피부 상태와 습관들을 아주 면밀히 파악한다. 그것만 봐도 현재 피부 상태가 왜 이렇게 됐는지가 보이며, 나쁜 습관만 교정해도 미래 피부가 좋아진다는 것을 누구보다 잘 안다. 그런데 왜 똑같이 가이드를 해도 결과 차이가 나는 것일까? 이유는 앞서 말했지만 실행력의 차이이다. 피부가 좋아지고 싶다면 피부 좋아지는 습관을 알려주는 대로 스스로 실행해야 할 것이고, 꾸준함만이 원하는 바를 내 것으로 만들어준다. 꾸준함이 받쳐주지 않는다면 거품 녹듯 금방 사라져버린다. 여기에 긍정적인 사고까지 더해준다면 가속도가 붙는다.

누구에게나 하루는 똑같이 주어진다. 나의 하루는 곧 내일이 되고 내일이 곧 미래다. 천재 물리학자 아이슈타인이 남긴 유명한 말이 있지 않은가. 어제와 똑같은 하루를 보내며 다른 미래를 꿈꾸는 것은 정신병 초기 증상이라고 말이다. 현대인들은 너무 많이 먹어서 비만 인구가 많아진 것처럼 무한한 정보의 세상에서 강제로 정보를 과다 섭취하고 있다. 무분별한 정보 섭취는 오히려 앞으로 나아갈 길을 가로막는다. 현재 내가 바라는 이상향과 모토가 있다면 그것에 집중하는 것이 중요하며, 그것은 내면뿐 아니라 외모도 마찬가지이다. 여성이라면 아름다운 나를 위해 하루 1시간이라도 운동을 하거나 외모에 투자할 여유가 없다면 아름다워질 생각을 하면 안 된다. 의료 시술로 그럴싸해 보이게 가공할 수 있을지언정 진정한 아름다움은 결코 발산할 수 없을 것이다. 무엇이든 스스로 가꾼 노력이 있을 때 단단하게 아름다워질 수 있다.

03

×

현명한 여자는 명품백 대신
자신에게 투자한다

여자에게 명품백이란 어떤 의미일까? 우리는 어느 때보다 명품에 취해 살아가고 있다. 이 책을 쓰고 있는 나조차도 명품백을 좋아한다. 근데 이런 내가 왜 명품백 대신 자신에게 투자하라고 하는 걸까? 나에게 있어 명품백의 첫 경험은 결혼이었다. 사실 그전까지 전혀 명품백에 관심이 없었다. 관심이 없을 수밖에 없던 것이 결혼할 자금도 없는 월세 살이 자취생에 근근이 먹고 사는 1인 여성 직장인이었기 때문에 관심 둘 여유가 없었다.

게다가 예비 신랑인 우리 남편은 동갑이라 사회 연차도 낮은 데다 양쪽 집안 형편도 어느 집 하나 도와줄 형편이 못되었다. 그런 상황에 결혼 자금도 둘이 모아서 해야 했기에 명품백은 그저 남의 세상 이야기였고, 나는 그것들을 추종하는 사람들을 자본주의에 현혹된 사람이라고 치부 해버렸다. 그리고 나는 명품백에 현혹되지 않는 현명한 소비자라고 생각 하고 살았다. 하지만 결혼이란 게 무엇이던가? 일생일대의 여자에게 한 번밖에 오지 않는 날이지 않던가. 게다가 친한 친구들이 비슷한 시기에 결혼을 해서 너도나도 예단, 예물, 가방에 관한 이야기로 카카오톡 대화 방이 물들어 있던 때였다. 나는 결혼 준비를 1년간 했다. 돈의 무서움을 너무 어렸을 때 깨달아버려서 내 힘으로 돈 모으는 것에 익숙했고, 결혼 카페에 가입하여 예산을 짜고 각을 잡아보니 풍차 돌리기식으로 예식장 계약, 스드메 계약 등등을 허리띠 졸라매며 해나갔다. 그리고 우리의 힘 으로 결혼을 잘 해냈다. 남편과 나는 결혼 전까지 뚜벅이 생활을 하였다. 연애 초 남편이 10년 된 중고 소나타를 끌고 다녔는데 빌라촌 골목에 차 를 두면 어김없이 딱지를 떼이기 일쑤였고, 결혼 준비 과정에서 자동차 유지비도 사치스럽다는 생각이 들어 내가 없애자고 해버렸다. 그렇게 우 리는 수원에서 결혼 예비 신부 예비 신랑이라면 무조건 거친다는 압구정 로데오역까지 1시간을 넘도록 지하철로 오가며 결혼을 준비했다. 압구정 로데오역 근처는 명품거리가 있었다. 까르띠에, 샤넬 등 명품숍으로 즐 비한 거리를 뚜벅이로 간 우리는 압도당할 수밖에 없었다. 그리고 다짐 했다. 결혼 준비가 완료되면 나에게 명품백을 선물로 주겠노라고.

그렇게 결혼 준비가 끝나갔고, 마지막 달에 명품백을 드디어 샀다. 난 생처음 명품백을 사느라 수원의 한 백화점에서 200만 원이 넘는 돈을 카드로 긁었고, 우리 남편은 덜덜 떨었지만 나는 긁는 순간까지 기분이 무척 좋았다. 그리고 우리 부부는 뚜벅이기에 버스를 타러 갔다. 수원역이란 곳은 KTX, 새마을, 무궁화, 1호선, 분당선, 수원의 전 구역을 다니는 교통 요충지로 항상 사람이 바글바글한 곳이다. 난 내 몸뚱이만 한 구찌 가방 로고가 새겨진 종이 가방을 들고, 시내버스에 올라탔다. 버스정류장에서부터 버스를 타기까지 기쁨도 잠시 나는 얼굴이 빨개지고 창피해지기 시작했다. 구찌가방을 들고 버스를 타는 내가 창피했다. 마치 어린아이가 어른 흉내를 내듯이 얼굴에 어설픈 화장을 하고 하이힐을 신고 나온 기분이었다. 나는 버스에서 내릴 때까지 종이가방이 누군가가 지나가는 통로에 방해가 될까 노심초사였다. 버스에서 내려 집에 도착하였고, 가방을 내려놓고 인증샷을 찍었는데 어쩐지 기분이 묘하게 허탈했다. 200만 원짜리 인증용 가방을 산 기분이었다. 이게 과연 내가 정말로 사고 싶던 걸까. 명품백을 사면 자신감이 올라가야 하는데 어쩐지 반대로 흘러가는 듯했다. 그리고 그 가방은 몇 번 매는가 싶더니 지금까지도 매고 나간 적이 손에 꼽는다.

아마 이런 경험을 한 건 나뿐만이 아닐 것이다. 이유가 왜일까? 그것은 진짜가 아닌, 가짜 자신감 자존감 채우기였기 때문이다. 친구들이 너도나도 사니까 나도 하나쯤 갖고 싶었던 것이다. 가짜로 채운 것들은 버거울 수밖에 없다. 나는 지금 명품백을 여러 개 가지고 있지만, 그때 그날의 기분을 다시 느끼진 않는다. 그리고 모셔두는 일이 없다. 때에 따라 적절하게 매칭할 줄 알고 가방을 사더라도 버스가 아닌, 벤츠차에 가방을 실어온다. 내가 모시고 다니며 쩔쩔매는 것이 아닌, 그저 나라는 사람의 매력을 돋보이게 해주는 보조도구일 뿐이다. 그러니 전혀 부담이 되거나 불편한 마음이 없다. 모든 것에는 순서가 있다고 생각한다. 빛 좋은 개살구는 그 속이 언젠가는 드러나게 되어 있다. 나는 그때를 경험 삼아 보여주기식의 소비보다 나라는 사람에게 투자하여 나를 키우기로 결심했다. 나를 먼저 키워 놓으면 그런 것들은 따라오게 될 수밖에 없다. 자신감이 넘치고 매력 있는 여성은 명품백을 걸치지 않아도 매력이 여실히 드러나지 않던가. 또 그런 분위기는 명품 로고가 아닌, 얼굴에서 나오는 빛, 표정, 말투, 태도에서 우러나온다. 나라는 사람이 명품이 되었을 때 명품백의 가치도 같이 상승하는 법이다.

피부 상담을 하다 보면, 메이크업 상태만 봐도 한 여성의 피부 자신감이 여실히 드러난다는 것을 알 수 있다. 홍조나 트러블 피부로 오래 고생한 여성은 유난히 메이크업 두께가 남다르고 가리기 위한 여러 색조 화장품이 덧칠해져 있다. 피부 상태가 많이 좋지 않으면 사람과 눈 마주치는 것도 어렵다. 이럴 경우 외출 시 쌩얼로 나가는 일은 절대적으로 없다. 이들은 남들보다 외출준비를 위한 시간도 오래 걸리고, 피부에 대한 자신감을 다른 곳에서라도 채우기 위해 마치 내가 처음 명품백을 억지로라도 사려고 애썼듯 다른 외적인 요소에 애를 쓴다. 문제를 해결하기 위해서는 자신이 가장 자신 없는 부분을 채워야 한다. 다른 것들로 덧칠하고 가린다고 하여 나아지지 않는다. 나는 피부로 인해 스트레스를 받거나, 대인 관계에 영향이 있다면 피부과든, 피부숍이든 가보라고 추천 드린다. 그리고 나의 한계를 벗어난 피부 상태는 병원으로 안내한다. 중요한 것은 나의 밥벌이가 아닌 한 사람의 피부 개선이 급선무이기 때문이다. 그리고 나는 눈앞의 이익을 위해 사람의 결핍만을 이용해 장사하거나 무모한 자신감으로 이용하는 사람들을 싫어한다. 이러한 사람들이나 업체에 당하지 않으려면 우선 자기 자신의 현 상태를 파악해야 하고, 본인에게 먼저 투자해야 한다. 명품백 살 돈으로 차라리 여행을 가서 정신적 풍요와 다채로운 경험을 사거나, 몸에 투자하여 다이어트에 성공하거나 우리 고객님들처럼 보이는 피부에 투자하는 것이 낫다고 생각한다. 나라는 존재가 자신감으로 채워지고 나면 그다음 명품백을 사든 스포츠카를 타든 그때 해도 늦지 않다. 자신의 가치를 상승시키면 돈은 따라 오기 마련이다.

최근 나는 비슷한 또래의 두 학생을 겪었다. 매년 남편 생일 때 1년간 출근하느라 고생한 노동 값으로 좋은 것을 사주려고 한다. 짠돌이 남편은 손사래를 치지만 막상 사주면 어린아이처럼 좋아하기 때문에 명품 매장에 방문한다. 사실 뜯어보자면 앞으로 더 열심히 일하라는 독려의 당근이지만 충분히 사도 될 능력이 있다. 우리는 가까운 구찌 매장에 방문하였는데 우리랑 같이 들어간 가족은 아들의 신발을 사러 온 것 같았다. 남학생은 살까 말까 고민하는 우리 남편과는 대조적으로 익숙한 듯 가볍게 신발을 골랐다. 최근 비슷한 또래의 여학생이 멀리 일산에서부터 수원까지 숍에 방문했다. 그 여학생은 특성화고를 준비 중이고 머리가 아주 똑똑한 친구인데 유전적인 여드름으로 마스크 속 피부 상태가 말이 아니었다. 학생과 같이 온 부모님은 상담 내내 경청해주시고 선택을 딸에게 맡겨주셨다. 우리 숍은 저가 관리숍이 아니기에 나는 절대적으로 케어를 강요하지 않고, 선택지를 준다. 나는 학생이라고 생각하여 당연히 부모님의 지원으로 관리를 받는 거라고 생각했지만 나중에 알고 보니 그 여학생은 본인이 공부를 잘해 받은 장학금으로 우리 숍에 등록한 것이었다. 그 학생 부모님은 지원해줄 여력이 있는데도 본인 스스로가 자신에게 투자할 수 있는 기회를 준 것으로 생각한다. 나는 그 학생이 너무 기특하여 홈케어 제품을 듬뿍 넣어주었다. 그리고 그 학생은 본인이 만족할 정도로 피부가 개선되었고, 다음에 장학금을 또 타면 오겠다며 아름다운 이별을 했다.

자, 굳이 내가 정리하지 않아도 두 학생의 차이를 누구나 캐치할 수 있다. 내 자식에게 좋은 것을 주고 싶은 마음은 부모라면 다 똑같을 것이라고 생각된다. 하지만 스스로만 만든 기회와 재화로 스스로를 성장하게 해주는 것과, 누군가가 떠먹여주는 것은 하늘과 땅 차이다. 나는 내가 만나는 사람들에게 피부든, 몸이든, 자기계발이든 본인에게 개선되고 싶고 나아가고자 하는 마음이 있다면 해보라고 권장하는 쪽이다. 다만 무리하지 않는 선에서 차근히 밟아가라고 조언한다.

명심하자. 나 자신이 명품이 되면, 명품백은 저절로 따라온다. 외부물질을 좇다 보면, 언젠가 영혼은 텅 비게 되어 있다. 요즘같이 물질이 풍요롭다 못해 넘쳐나는 세상에 살아가는 우리는 도무지 정신 차릴 여유조차 없다고 할 수 있다. 하지만 그럴 때일수록 스마트폰을 내려놓고, 차분히 자기 자신을 바라봐야 한다. 시간이 지나도 가치가 바래지 않는 것은 당장 눈에 보이는 것들이 아니다. 이탈리아 장인들이 한 땀 한 땀 공들여 만드는 그런 고급 가죽을 살 것이 아니라, 그런 명품 가죽을 본인이 다룰 줄 아는 셀프장인이 돼야 한다.

04

×

소비는 순간이지만,
피부는 평생이다

돈이 있는 것과 부자인 것은 동일한 걸까? 돈이 있어도 못 쓰는 사람
이 있고, 돈이 없어도 돈을 펑펑 쓰는 사람이 있다. 그리고 부자들은 돈
을 펑펑 쓰는 게 아니고 돈을 적재적소에 잘 쓴다.

그렇다면 부자들은 어디에 돈을 쓸까? 당신은 돈이 많다면 무엇을 할
것인가? 부자들은 왜 하나같이 깔끔하게 정돈되어 있고 자신을 방치하
지 않는 걸까?

美 부자들, 과시적 소비보다 의식적 가치소비 지향. 경기는 회복되고

있지만 과시적인 소비 안 해, 럭셔리 브랜드보다 트렌디한 좋은 품질 제품을 더 선호해.

– "美 부자들, 과시적 소비보다 의식적 가치소비 지향", 〈KOTRA 해외시장뉴스〉, 2015.04.16.

업계 관계자는 "지금도 샤넬, 롤렉스 등 명품 매장 앞에는 '오픈 런'을 기다리는 사람들이 많고, 일부 제품은 아침에도 없어서 못 파는 상황"이라며 "가격이 아무리 올라도 명품 수요가 꾸준하고, 오히려 가격이 오르면 희소성이 높아진다고 생각하는 소비자도 있다"고 말했다.

– ""비싸도 잘 팔리는 코리아"… 샤넬, 올해만 네 번째 가격 인상", 〈한국일보〉, 2021.09.01.

코로나 팬데믹 전후로 인하여 명품소비가 급증 했다. 한국뿐 아니라 아시아 국가를 대상으로 명품 브랜드들은 너나 할 것 없이 줄줄이 가격 인상하는데도, 그 인기는 식을 줄 모른다. 부자들은 변화에 따른 충동적 소비를 경계하고, 배우는 것에 돈 쓰는 것을 아까워하지 않는 반면, 가난한 자들은 옷, 자동차 등 감가상각이 큰 소비재에 지출하며, 투자가치가 없는 소비재에 집중한다고 한다. 시간이 지날수록 가치가 떨어지는 소비재보다는 자신의 발전을 위해 돈을 쓰는 것도 부자들의 특징이라고 한다. 가난한 자는 시간의 의미가 아닌 지금 당장의 감정 변화에 의한 충동적인 소비를 많이 한다. 그렇다면 당신은 전자인가 후자인가?

독일 철학자 '헤르베르트 마르쿠제'는 거대한 조직 안에서 개인의 정체성을 부정당한 현대인들은 공허함을 채우기 위해 소비하는 경향이 있다고 하였다. 나는 피부에 쓰는 돈을 소비가 아닌 투자라고 여기는 사람이다. 왜냐하면 일시적인 소비의 경우 남는 것이 없거나, 물건이라 할지라도 그 물건에 의해 창출되는 가치가 없기 때문이다. 하지만 잘 가꾼 피부는 나 자신의 자신감을 북돋워주며, 명품을 걸치지 않아도 빛나게 해주기 때문이다. 부자들은 하나같이 신체 건강에 투자를 한다. 고로 자기 자신에게 투자를 한다. 그리고 남는 돈으로 사치품을 소비한다. 척하는 것은 오래 가지 못한다. 부자인 척 애써봤자 돌아오는 것은 텅 빈 통장일 뿐이다. 자신감과 자존감을 진짜로 채워줄 수 있는 것을 찾아야 한다. 나는 피부 변화를 통하여 자신감을 회복하는 분들을 많이 보았다. 특히 젊은 나이일수록 피부에 여드름이 덕지덕지 나 있으면 그로 인한 스트레스는 대인관계를 망가뜨리기 쉽다. 또 이성 친구를 사귀거나 취업준비를 할 때도 위축될 우려가 있다. 방치된 피부로 오래 둘수록 아까운 빛나야 할 청춘의 시간이 어둠으로 채워진다. 물건을 마구잡이로 사들이면 좁은 집이 엉망이 되고 관리가 안 되는 것처럼, 엉망인 피부에 마구잡이식 화장품을 들이대면 오히려 피부를 망가뜨리는 지름길이 되기로 한다. 평생 피부 관리를 받으면 좋겠지만 그럴 수 없다면 악순환의 고리를 끊기만 해도 자신감 회복이 될 수 있다.

나는 여러 고객들 중 특히, 학생이나 젊은 청년들에게 마음이 쓰인다. 그리고 해줄 수 있는 최대한의 혜택으로 피부 개선에 힘 써준다. 나를 통해 문제성 피부를 졸업한 친구들은 졸업 후 좋은 직장에 취직하거나, 자신감을 얻어 이성친구가 생긴 경우도 더러 있다. 실제로 심한 여드름으로 인하여 대인기피증이 생기거나 우울증에 걸리는 경우도 정말 많이 있다. 그만큼 우리는 외모가 주는 영향을 피해갈 수 없고, 심각할 경우 정신적인 질병까지 생길 수 있다는 것이다. 정신적인 질병은 나중에 외모가 나아져도 대인관계에 영향을 줄 수 있기에 여드름 피부의 경우 더 늦어지기 전에 초기에 잡아주는 것이 좋다.

MZ세대는 기성세대와 달리 서로의 격차가 굉장히 크고 스트레스 지수가 높은 편이다. 기성세대의 경우 다 같이 힘들었고 못 살았기에 출발지점이 낮아 누구나 노력하면 그 만큼의 결과가 눈에 보이는 시대였다. 하지만 지금 젊은이들이 살아가는 세상은 무한 경쟁이 판치는, 이 스펙 저 스펙 갖다 붙여도 좋은 결과가 나올까 말까 하는 상황이다. 실제로 나의 숍을 방문하는 젊은 고객들 중 일부는 대학졸업도 전에 취업을 위한 시험공부를 하고 있거나, 임용고시를 준비 중인 분들이 많다. 이분들은 하나같이 피부 상태가 당연히 엉망이고 여드름으로 인해 2차 스트레스를 받고 있다. 그 젊은 나이에 잠만 잘 자도 피부가 호전될 터인데 잠잘 시간을 쪼개가며 공부해야 하는 실정이다. 스펙과 시험 준비로 청춘이 소비되는 것도 아까운 마당에 피부까지 상하면 얼마나 속상할지 너무나도 잘 알고 있기에 나는 그들의 피부 케어에 최선을 다 안 할려고 해도 안 할 수가 없다.

나는 피부 상담 시 중요하게 여기는 부분이 있다. 그것은 고객의 경제 상황에 무리하지 않도록 하는 것이다. 피부 케어는 메이크업이나 헤어처럼 바로바로 눈에 띄게 할 수 없는 영역이기에 최소 3개월은 마음의 준비를 하고 케어에 들어가야 한다. 만약 피부 상태가 악화된 지 오래되었을 경우 당연히 회복하는 데 시간이 오래 걸릴 수밖에 없다. 나는 요즘 열풍인 주식이나 비트코인을 하는 것을 반대하지 않는다. 하지만 이런 것들을 할 때에 자신의 가진 돈을 넘어서 빚을 내서 투자하는 것은 투자가 아닌 투기라고 생각한다. 외모에 대한 욕망과 피부가 빛나길 바라는 사람들의 마음은 이해가 가지만, 피부에 투기하라고 하고 싶지 않기 때문이다. 무엇이든 무리를 하면 탈이 나기 마련이다. 이와 반대로 나의 고객들 중 몇 명은 피부에 돈 쓰는 것을 사치라고 여기고 피부에 대한 불만족이 있지만 망설여져 방치를 하다가 찾아온 경우가 있다. 피부 상태가 악화된지 오래되지 않았거나, 염증을 동반하지 않았을 경우 비교적 빠르게 피부가 좋아지는데 이런 분들은 한 달 만에 피부에 빛이 난다. 이분들은 이럴 줄 알았으면 진즉에 고민 말고 피부에 투자를 할 걸 그랬다며 무척 고마워하신다. 그리고 이미 좋아진 피부는 충분한 홈케어와 기본 루틴이 지켜진다면, 혼자서도 유지관리 하기가 수월해진다. 선순환의 구조다.

　고기도 먹어본 놈이 먹고, 여행도 가본 사람만이 여행의 맛을 안다. 우리 숍에 방문해서 경험을 해본 고객님들은 하나같이 내가 말씀드리지 않아도 후기와 주변지인들에게 우리 숍을 소개해주고, 멀리 있는 가족들까지 비대면 상담을 통해 소개를 해준다. 뭐든 좋은 것을 경험하면 주변인들과 나누고 싶은 마음은 모든 사람의 마음일 것이다. 가만히 생각해보면 인생에서 가장 좋았던 경험을 떠올리라고 했을 때, 백화점에서 무엇을 샀던 것이나 새로 들인 가전제품을 잘 고른 것이라고 떠오르는 경우는 거의 없을 것이다. 여행을 갔던 경험이나, 가족들과 행복했던 기억, 이외 색다른 경험이 주를 이룰 것이다. 나는 나의 고객들이 피부가 좋아져 얼굴에 생기가 돌고, 생기 있는 인생으로 남은 인생을 우울하지 않고 행복한 일들이 가득하길 바라는 마음으로 숍을 운영한다. 피부에 큰 콤플렉스가 없다면 굳이 피부에 투자할 이유는 없다. 어떠한 형태로든 자기 자신에 투자한다는 것 자체가 멋있고 아름다운 일 아니던가.

　젊은 세대들에게는 여드름이나 피부 트러블이 가장 큰 콤플렉스 요소이지만, 30대에는 출산 전후로 인한 피부 컨디션 저하가 오고, 40대 이상부터는 가속화하는 피부 노화로 인한 탄력 저하가 주된 피부 콤플렉스를 이루고 있다. 나이가 들수록 외모 관리의 상태는 곧 자신을 그동안 어떻게 다루었느냐가 점수표처럼 드러나기 때문이다. 관리의 영역을 떠나 신체구조 자체도 남성과 달리 여성은 폐경으로 인한 갱년기를 겪기 때문에 급속도로 피부 노화가 가속화할 수밖에 없고 순식간에 할머니처럼 느껴지기도 하고 자신감이 소실된다. 요즘은 100세 시대라고 불리는 만큼 과학기술이 발달한 덕에 오래 살 수밖에 없다. 기왕 오래 살아야 한다면 젊고 팽팽하게 건강하게 살고 싶지 쭈글쭈글 주름 많은 얼굴로 살고 싶지 않을 것이다. 요즘은 여자들뿐 아니라 남자들도 외모 관리에 신경을 많이 쓴다. 이따금씩 중후한 아저씨들이 직접 전화문의를 주기도 하신다.

 이처럼 우리는 피부에 대한 고민을 평생 동안 하고 노화를 거스를 순 없지만 잘 다루기만 하면 남들보다 동안 소리도 듣고 자신에게 만족하며 남은 인생을 살아갈 수도 있을 것이다. 열심히 번 돈을 기억에 남지도 않는 소비재에 지출하여 물건을 나르는 무의미한 행동을 하는 것보다 자기 자신의 가치를 높이는 투자재에 투자하여 모두가 젊고 찬란한 노후를 준비했으면 한다. 중요한 것은 얼마나 빨리 깨달을 수 있냐이다. 자기 자신이 현재 무분별한 소비를 얼마나 하고 있는지, 자기 자신에 대해 투자를 얼마나 하고 있는지를 먼저 파악하고, 내외적으로 자기 경영을 해나간다면 누구나 젊음을 유지하며 멋진 사람이 돼 있을 것이다.

05

×

현명한 여자는
단기투자 하지 않는다

나는 피부숍 원장을 하기 전에, 병원과 보건소에서 물리치료사로 일을 했다. 7년 정도라는 긴 세월 동안 하루에도 200명이 넘는 환자를 마주하고 케어했으며, 직업 특성상 여성 동료들로 가득한 병원문화는 스트레스 요소가 다분했다. 여러 병원들 중 나는 첫 번째 직장에서 인생 최악을 겪었고 최고의 깨달음을 얻을 수 있었다. 대학을 이제 막 졸업하고 난 뒤 시골집에 내려가 있던 나는 기숙사가 있는 병원 조건으로 이력서를 넣기 시작했다. 서울에 살고 싶은 마음이 굴뚝이었지만, 자취를 하려면 월세를 감당해야 했고 적은 월급에 학자금대출이 많이 남은 나의 상황에서는 그림의 떡이었다. 그래서 전제조건을 기숙사 제공 병원으로 할 수밖에 없었고, 좁은 선택지 안에 들어 있는 병원에서 연락이 왔다. 서울 외곽에 위치한 그 개인 의원은 근처에 재래시장이 있었고, 오래된 연식에 서울에 위치한 시골 병원 같았다. 기숙사는 더 이상 입원환자가 들어오지 않자 환자병실을 개조하여 만든 기숙사였다. 23세, 아무 것도 없던 나는 잡을 지푸라기가 그것뿐이라 그 작은 방에서 다른 선생님과 둘이 지냈다. 그리고 최악의 나날이 나를 기다리고 있었다. 그 병원에는 나를 포함하여 여자 물리치료 선생님이 3명 더 있었는데, 가장 연차가 많으신 분이 40대 미혼여성이었다. 농익을 대로 익은 그분들은 마치 군대의 신병이 들어온 걸 반기듯 했다. 시장 근처에 있던 그 병원은 한시도 쉴 틈 없이 환자들이 밀려들어왔고 덕분에 신입인 나는 한가할 때는 혼자 바빴고, 바쁠 때는 쉴 틈 없이 더 바빴다. 여유가 있을수록 일은 나 혼자 하는 기분이고 그녀들은 희희낙락이거나, 홈쇼핑 책자를 보며 전화로 웃으며 생필품이며 주문하기 바빴다. 마치 동화 '콩쥐팥쥐'에 나오는 콩쥐 같았다. 첫 병원이고 중도퇴사라는 것은 포기하는 기분이 들어 나는 무조건 1년만 버티기로 이를 악 물었다. 하루하루 고통을 삼키며 1년이 되었다. 1년 정도가 되니 노동에도 고통에도 익숙해져갔다. 여느 날과 다름없이 마무리를 하고 있었는데 고민이 되었다. 지금 여기에 익숙한데, 다른 곳도 똑같지 않을까? 노예로 적응이 되어버린 나는 갈등이 되기 시작했다. 나는 순간 정신을 차렸다. 나의 미래의 모습이 저들같지 않기를 바랐기 때문이다. 만약 내가 그곳에 있었더라면 그들과 비슷해질 것이고, 그 모습이 내가 바라는 이상향이 아니었기 때문이다. 나는 그때 결심을 했고 사직서를 제출했다.

　돈이 아까웠지만 월세를 충당하면서 새로운 직장을 다니기로 결심했다. 나는 그때부터 월세살이 자취를 시작으로 온전한 나의 공간은 물론 신체의 자유, 폭넓은 선택지를 가지고 직장을 고를 수 있었다. 그 월세는 나를 위한 첫 장기 투자였다는 생각이 든다. 지금도 가장 잘한 선택 중 하나로 손가락에 들 정도이다. 그곳에서 만약 그들처럼 10년 이상 그 병원에 있었더라면 당장의 월세를 아낀다는 생각으로 좋았겠지만 아마 나는 몸과 정신이 피폐해지고 망가졌을 것이다. 그때 사직서를 내지 않았더라면 지금의 나는 없었을 것이라고 확신한다. 공짜에는 다 이유가 있는 법이다. 나는 자취를 시작하며 공과금 내는 법, 전입 신고하는 법, 부동산 계약하는 법 등을 스스로 깨우칠 수밖에 없게 되었고 그때가 돈 쓰는 법과 돈에 대해 공부하는 시발점이 되어, 소비할 때 무엇보다 나에게 줄 가치와 본질을 먼저 보려는 버릇이 생겼다. 그 선택에 있어 무엇이든 '나'를 중심에 두고 한 것들은 항상 후회가 없었다.

　주식투자나 부동산투자 책들을 보면 항상 한결같은 공식들이 있다. 눈앞에 이익을 보지 말고 숲을 보라는 말이다. 이게 과연 쉬운 일인가? 나도 주식을 하고 있지만 요즘 카카오 주가가 곤두박질치니 묵은지 묵히

듯 굴리는 장기투자자인데도 매도를 해버릴까 하는 생각이 들었다. 나는 주식에 대해 아주 잘 알지 못하고 다른 할 일들이 많다. 그래서 투자를 할 때 기업의 가치에 집중해서 보고 그 외에 사사로운 것들은 제쳐둔다. 앞으로 바뀔 시대에서 4차 산업혁명을 이끌어갈 기업들과 판이 바뀌었을 때 어떠한 인적, 물적 서비스가 필요할지를 가늠하고 느긋한 마음으로 투자하면 손해 볼 일이 거의 없었다. 오히려 당장의 단기이익만을 추구하다 보면 가치를 잊게 되고 투자가 아닌 투기를 하고 있게 된다. 피부 케어도 마찬가지다. 당장 눈에 보이는 광고와 달콤한 말들에 현혹되다 보면 기준을 잃고 이것저것 화장품을 마구잡이로 쓰게 되고 피부는 더 망가지고 만다. 특히 요즘은 유튜브나 네이버, 텔레비전 CF, 홈쇼핑, 인스타그램, 인플루언서들까지 24시간 광고에 노출되어 있기에 자기만의 기준이나 멘탈을 잡지 않은 채 이리저리 휘둘리고 다니다 돈은 돈대로 쓰고 효과는 제대로 못 보는 낭패를 볼 수도 있다. 실제로 나의 숍에 오는 고객들 중 20% 정도는 화장품에 대한 민감도가 있으며 한번 민감해진 피부는 화장품을 함부로 쓰기 두려운 마음을 들게 한다.

첫 숍을 운영했을 때 나는 자영업이라는 세상이 너무도 신기했다. 네이버플레이스에 사업자등록을 하자마자 하루에도 10통 이상 마케팅회사에서 전화가 왔다. 한 달에 10만 원가량 내고 2년을 계약하면 신규 회원들 유치에 힘들이지 않고 영업할 수 있으며, 신규 사업장들은 다들 그렇게 한다는 것이었다. 돈은 둘째 치고 그 가치를 생각했을 때, 그 길이 과연 좋은 것일까 생각했다. 가짜 네이버 영수증 리뷰와 후기, 블로그 포스팅이 단기적으로 봤을 때는 그럴싸해 보였다. 당장은 신규고객 유치를 확보하기 좋아 보였다. 그런데 그런 숍이 오래 유지가 될까? 생각해봤지만 그 길이 당장에는 쉽고 빠른 길이지만 가치관과 맞지 않았다. 그리고 나는 시간이 걸리더라도 차라리 그 돈을 피부공부에 투자하기로 마음먹고 느리지만 단단히 가기로 결심하였다. 나는 느리지만 천천히, '누군가는 보겠지?'라는 마음으로 인스타그램과 네이버 블로그에 글을 정리해나가면서 다시 한번 공부한 내용을 되새기고 나만의 것으로 만들어나갔다. 단기 욕심을 버리니 한 분 한 분 허투루 할 수가 없었고, 어떻게든 피부개선을 시키겠다는 마음뿐이었다. 그렇게 하나, 둘 나의 고객들이 생겨나고 만족도가 올라가니 친언니, 친구, 엄마 혹은 문제성 피부로 고통 받고 있는 지인들을 기존 고객님들이 소개해주시고, 또 나의 블로그와 인스타그램도 날로 성장하면서 블로그를 보고 오는 신규 고객님들도 많아졌다. 지금은 매월 신규 회원을 조절해야 할 정도로 유입이 너무 왕성할 정도다. 게다가 나의 충성고객님들이 블로그 포스팅까지 마다 않고 해주셨다. 나는 다시금 장기적인 안목이 얼마나 중요한지 절실히 깨닫고 있다. 쓸데없는 소비와 쓸모 있는 투자는 정말 다르다.

우리 숍에 오는 고객층은 대부분 20~30대 젊은 층이다. 이미 많은 정보를 가지고 있고 피부과, 한의원 여러 곳을 다녀보고 실패를 겪고 오신 분들이 많다. 그런 분들은 당장의 효과가 기대되는 무언가를 찾고 오신다. '이거 쓰면 바로 좋아지나요? 이거 받으면 바로 좋아지나요?' 물어보시지만 나의 대답은 그럴 수도 있고 아닐 수도 있다고 한다. 피부는 장기 투자다. 세상 아래 같은 피부는 없다. 피지선 양에 따라 건성, 지성 피부로 구분되지만 우리가 알다시피 혈액형이 같다 하여 그 사람들이 다 똑같은 사람이 아니지 않던가. 피부는 유전적인 요소와 환경적인 요소를 면밀히 파악해야 하고, 요즘에는 스트레스로 인한 피부 트러블, 마스크 장기 사용으로 인한 원인 모를 트러블도 너무나도 많다. 게다가 생활 습관 등의 자극들도 무시할 수 없어서 어떠한 자극이 피부에 무리를 주었을지는 본인도 잘 모르는 경우가 많다. 피부 케어의 첫 시작은 불필요한 자극과 나쁜 습관들을 고치는 데 있다. 특히나 노화된 피부는 이미 모공이 터진 상태로 오래되었다면 되돌리기가 어렵다. 어느 정도 톤과 결을 개선시키는 것은 가능하지만, 무너진 모공 탄력과 피부 탄력을 되살려 지금의 피부를 5년, 10년 전으로 돌아가게 하는 것은 불가능하다. 피부는 예방이 먼저다.

지금 자신이 자기에게 현명하게 투자하고 있는지를 파악할 수 있는 첫 번째 방법은, 지금 소비하는 모든 것들을 장기적인 안목으로 보았을 때 '나'의 가치를 높이는 것들인지, 지금 당장 쓰고 버릴 것들인지 파악하는 것이다. 이것만으로도 현명한 셀프투자자가 될 수 있다. 피부 케어는 누구나 언제든지 할 수 있지만 나쁜 습관을 버리고, 좋은 습관들로 훈련이 되어 있으면 굳이 관리실에 오며 큰돈 들이지 않더라도 유지관리 해나갈 수 있는 분야이다. 실제로 피부 문제가 심각하여 나의 숍에 와서 케어를 받고 난 뒤 개선된 분들은 여건상 방문이 어려우신 분들은 장기적으로 케어를 받지 않고, 홈케어만으로 유지를 충분히 하고 계신 분들이 많다. 중요한 것은 적재적소에 자신에게 맞는 투자를 하는 것이다. 피부는 평생 가지고 가야 할 나를 보여주는 사계절 겉옷이나 마찬가지다. 거울을 보아라. 나의 눈, 코, 입 빼고 전체 표면적을 무엇이 덮고 있는가? 어린아이들이 생김새를 떠나 다 예뻐 보이는 것은 아마도 어릴 때 누릴 수 있는 탱탱하고 생기 있는 피부 때문이기도 하다. 계절마다 트렌드에 맞게 새 옷을 사고 헌 옷을 버리는 악순환의 소비는 줄이고, 평생 입는 옷 피부에 투자할 줄 아는 현명한 여성이 되길 바란다.

06

×

귀티 나는 피부는
절대 돈으로 살 수 없다

귀티 나는 사람을 떠올려보자. 주변에 귀티 나는 사람이 있거나, 지나가다 시선이 갔던 사람이 있었다면 그 사람들은 어떤 특징이 있었는가? 남녀불문 내가 본 귀티 나는 사람들은 하나같이 화려한 외모이거나, 명품을 휘둘렀거나, 요란한 스타일이 아니었다. 생김새도 모두 특별할 정도로 화려하지 않았다. 하지만 왜인지 자꾸 시선이 가고 아우라가 느껴졌고 정돈되어 있고 깔끔하다는 느낌이 강했다. 깔끔하고 정돈된 느낌은 외모, 옷 스타일, 특히 피부에서 나온다. 그리고 그것은 그 사람의 몸가짐과 마음가짐이 드러난다. 특히 피부 자체에서 나오는 광에서는 조선백자 도자기가 주는 느낌처럼 귀티가 뿜어져 나온다. 얼굴에 메이크업을 두껍게 하거나 글리터를 발라 나는 그런 인공적인 광이 아니고, 아무것도 바르지 않은 쌩얼 같은데도, 부드러운 광이 은은히 발산되는 것이다. 여자라면 누구나 귀티 나는 피부를 갖고 싶은 욕망이 있다. 귀티의 반대말은 빈티다. 빈티는 없어 보인다는 것이다. 사전적 의미는 가난해보이는 모습이나 태도를 뜻한다. 빈티 나는 사람들의 특징은 무엇인가? 어쩐지 애를 쓰는 듯한 느낌이거나 꾸밈이 조잡스럽고, 쪼잔한 느낌이 강하다. 누구도 빈티 나는 사람이 아닌 귀티 나는 사람을 원할 것이다. 귀티가 난다는 뜻은 눈으로 보이는 부분도 있지만, 차분하고, 중심이 잡혀 있는 평온한 분위기까지 포함된다. 행동과 분위기는 단기간에 만들어질 수 없는 것들이다. 부티도 들어봤을 것이다. 부티는 돈이 많아 부유해보이는 것이다. 부티는 당장 돈만 있으면 만들 수 있다. 당장 명품관 몇 군데만 들러 옷과 백을 걸치면 한 시간 만에 만들어낼 수 있다. 하지만 귀티는 다르다. 귀티는 돈으로 살 수 없다. 특히 피부로부터 발산되는 귀티는 인고의 시간과 가다듬은 결과물이다. 사람들은 살 수 없는 것들에 목말라 한다. 뚜렷한 이목구비나 베일 듯한 날카로운 턱선도 돈과 용기만 있으면 살 수 있다. 하지만 귀티 나는 피부는 의느님께도 받을 수 없는 것이다.

귀티 나는 피부일수록 군더더기 없는 메이크업을 한다는 것을 아는가? 귀티 나는 여배우를 손꼽는다면 이영애, 송혜교가 가장 많이 언급되는데

이 배우들이 두꺼운 화장이나 화려한 색조 메이크업으로 두껍게 하는 것을 본 적은 거의 없을 것이다. 왜 그런 것일까? 자신의 본연이 피부가 당당하고 자신 있기 때문이다. 아무리 화장품 기술이 발달했다 해도, 커버력이 높으면서 맑게 표현되기란 어렵다. 커버력을 높이려면 정제수의 비율이 낮아져 맑은 피부가 표현되기 어렵다. 고로 피부가 좋을수록 커버력 낮은 제품을 발라도 본인 피부가 깨끗하기 때문에 맑은 느낌이 나는 것이다. 그런 피부는 타고 나는 것이라고 문제 삼을 수 있다. 그것도 맞다. 타고 난 피부가 좋으면 관리가 훨씬 수월하다. 하지만 피부도 타고나지 않았는데 관리까지 안 되면 과연 귀티는 둘째 치고 빈티가 나지 않을까? 그런 말이 있다. 20세 이전까지의 인성은 부모가 만들고, 20대 이후의 인성은 본인이 만든다. 피부도 마찬가지다. 대략 25세 이후부터 본격적인 노화가 시작되니, 피부는 25세 이전까지는 타고난 피부가 만들고, 25세 이후부터는 본인이 만든 결과물이다. 연예인들도 주기적인 마사지와 피부과 시술을 받겠지만, 본인의 다른 노력들이 합쳐진 것이다. 나는 코로나 이전 태국 방콕여행을 간 적이 있다. 방콕은 유럽인들이 많이 찾고 좋아하는 휴양지로 유명하다. 카오산로드라는 핫플레이스가 있는데 그곳은 태국인들보다 외국인들이 더 많은 우리나라 명동과 비슷한 곳이었다. 마사지 숍이 엎어지면 코 닿을 거리에 즐비했고, 명동과 다른 점은 휴양지스러운 거리와 자유로운 음악이 흘러나오는 펍이 굉장히 많았다는 것이다. 남성보다는 여성들이 훨씬 많았다. 아무래도 마사지를 좋아하는 것은 남성보다는 여성이 많기 때문일 수 있겠다. 전주 한옥마을에 가면 볼 수 있는 삼삼오오 친구들끼리 여행 온 아주머니들 모습처럼 유럽 아주머니들도 그곳으로 여행을 온 그런 분위기였다. 그러나 다른 것은 유럽 아주머니들은 어찌나 피부가 탄탄하고, 윤이 나는지 아가씨인 내가 봐도 마치 마사지 여행을 온 것 같았다. 같이 간 우리 남편은 저분들이 아주머니들이 맞냐고 나에게 되묻기도 했다. 여자인 내가 봐도 나이는 분명 있어 보이지만 큰 키는 물론이고, 군살 없는 몸매에 구릿빛으로 물든 탄탄한 피부 결까지 가진 유럽 아줌마부대는 신기할 따름이었다. 몸에 걸친 것은 오로지 얇은 민소매 나시나 오프 숄더 원피스를 입었을 뿐이고, 명품은 눈에 띄지 않았다. 명품가방을 걸치지 않아도 빛나는 피부와 미소 짓는 얼굴이 명품이라고 말해주었다. 전주에서 본 아주머니들이 소녀 같아 흐뭇한 미소가 지어졌지만, 방콕여행에서 본 유럽 아주머니들 부대는 온전히 자신을 드러내는 멋있는 여성처럼 느껴졌고 저렇게 멋있게 늙고 싶다는 생각마저 들었다. 아마도 그녀들에게서 귀티가 느껴졌기 때문일 것이다. 아이에 대한 사랑하는 마음은 전 세계 엄마들이 같겠지만, 유럽 엄마들과 한국 엄마들은 처해 있는 육아 환경이 많이 다르다고 한다. 지금 많이 변하고 있지만, 모든 가사의 중심과 할당량이 엄마에게 쏠려 있던 한국과 달리, 유럽 엄마들은 가정을 이루고 아이를 낳아도 남편과 공동육아를 하는 것이 물론이고, 아이를 키우면서도 한국만큼 경력단절을 우려하지 않는 분위기이다. 네덜란드는 출산 3개월 뒤 직장에 복귀하고 6개월 이상씩 육아휴직을 쓰는 것을 보면 놀라워한다고 한다. 건강하고 행복한 엄마가 되는 것이 아이가 무엇을 먹는지보다 더 중요하다고 여긴다고 한다. 육아를 지옥으로 표현하는 우리와 달리 유럽 엄마들은 육아가 즐거운 일로 여긴다. 아마 그럴 수 있던 것은 문화적 배경과 현재 사회적 분위기가 다르기 때문일 것이다. 생활이 아이 중심으로 되어 있다 보면 나 자신 챙기기에 소홀해진다. 그런 희생하는 시간이 오래될수록 나 자신을 잃고 가족들 챙기기에 여념이 없어진다. 아이는 정말 사랑스러운 존재고 부모로써 해야 할 역할을 해야 한다. 하지만 요즘은 취업난에 연애는 불사하고 결혼까지 포기한 사람들이 많다. 그래서 일명 캥거루족으로 부모님 밑에서 나이 서른이 넘도록 캥거루처럼 지내는 자녀들이 많다. 그들의 부모는 나이 오십이 넘도록 자녀를 케어해주는 꼴이다. 언제까지 양육에 자신의 인생을 희생해야 하는 걸까? 그녀들의 잃어버린 30년 그리고 앞으로의 시간을 자식들이 채워줄 수 있을까? 나는 한국 여성들도 아이를 낳고, 양육을 하더라도 자신을 사랑할 수 있는 여유와 시간을 잃지 않는 여성으로, 나이 들어도 귀티 나는 여성으로 삶을 살아가면 좋겠다.

나는 남녀불문, 무례한 사람을 너무 싫어한다. 아무리 돈이 많고 유머 넘치는 매력 있는 사람이어도 식당에 가거나, 특히 자신이 서비스를 제공 받는 입장이 되었을 때 태도를 보면 여실히 드러난다. 귀티 나는 사람들은 절대 남을 하대하거나, 비방하거나, 함부로 대하는 태도가 없다. 내가 첫 직장 정형외과에 근무했을 당시, 매일매일 오는 아저씨 한 분이 계셨다. 그분은 온통 손가락이며 온몸에 금으로 휘두른 반지, 팔찌, 목걸이를 휘감고 있었다. 애니메이션 〈센과 치이로의 행방불명〉에서 돼지로 변한 인간처럼 뒤뚱뒤뚱 지팡이를 짚고 오셨다. 그분은 그 병원에 오래 다닌 단골이었다. 내가 신입 선생님이라는 것을 인지하고, 자신이 마치 귀하게 대해야 할 상사처럼 하나하나 꼬투리를 잡았다. 사전에 조심하라는 메시지를 받았기에 나는 잘 넘어가는 듯했다. 엎드려 허리 치료를 받는데 허리춤 바지를 알아서 내려달라고 하고, 다리 마사지기 공기압 치료를 해드리는데, 그 마사지용 양말을 못 신겠다고 그것마저 신겨 달라는 것이었다. 나는 더 이상 참지 못하고, 양말도 신고 오셨으니 이것은 하실 수 있으실 거 같다고 하며 기다려주었다. 그러자 그분은 기다렸다는 듯 나에게 호통을 치며 자신을 뭘로 알고 해주라면 해줄 것이지 하며 입에 담을 수 없는 험한 욕들을 쏟아붓고 난데없이 부모님까지 들먹이기까지 했다. 나는 그때 일이 10년 가까이 되었지만 아직도 선명하다. 그분은 그것에 분이 안 풀렸는지, 다음날 고용보험센터에 연락하여 나를 불친절한 직원으로 신고까지 하는 노력을 하셨다. 금으로 치장한 그분은 사회적으로도 지위가 있는 부티가 나는 분은 분명했다. 하지만 그에 맞는 인성이 받쳐주질 못하니 귀티와는 전혀 거리가 멀었다. 나는 그런 부티는 가지라고 한 트럭을 갖다 줘도 거절하고 싶다. 나이 들수록 귀티 나는 사람과 그렇지 않은 사람은 극명하게 드러난다. 젊고 푸릇한 나이에 귀티까지 바라는 것은 욕심일 수 있지만, 나이 들어서 자연스럽게 우러나오는 귀티는 누구나 가질 수 있다.

귀티라는 것은 나를 가꿔온 시간의 응축이다. 나 자신을 대하고 남을 대하는 태도와 내공이 응축된 결과물이다. 이런 사람들은 내면에서 뿜어져 나오는 아우라가 있어 함부로 대할 수가 없다. 시간의 응축된 지혜와 자세는 하루하루 연습하고 말과 행동을 가공해야 한다. 나를 가공한다는 것은 정원을 가꾸는 정원사의 마음으로 나를 대하는 것이다. 마음의 양식과, 몸의 양식, 나를 둘러싼 주변을 방치해두지 않는다. 이런 사람들은 본인이 하는 말과 생각이 긍정적일 수밖에 없다. 부정적인 신호는 곧 자기 자신을 해치는 것을 알고 있기 때문이다. 자신을 귀하게' 여기는 자만이 남을 귀하게 여길 줄 안다. 그런 자들의 피부는 물론 얼굴에 귀티가 흐를 수밖에 없다. 잘 가꾼 정원은 보는 이로 하여금 편안하고 머무르고 싶게 만든다. 자신의 정원을 하루하루 잘 가꿔나가 돈 들이지 않고도 귀티가 흐르는 사람이길 바란다.

07

×

찍어낸 모조품이 될 것인가,
귀한 명품이 될 것인가?

여중, 여고, 여대를 졸업한 나는 입소문이 빠른 여성 집단군에 있어서 인지 자연스럽게 트렌드에 민감해질 수밖에 없었다. 1990년대 생인 나는 아날로그 시대에서 디지털 시대로 변화하는 격동의 시기를 그대로 겪었고, 격동의 시대에 스쳐 지나간 제품들을 고스란히 겪었던 세대이기도 했다. 휴대폰을 빨리 샀던 친구들은 초등학교 때부터 핸드폰을 가지고 다녔고, 아무리 시골에 있어도 온라인쇼핑몰 옥션, 지마켓에서 검색하면 살 수 있었으며, 최신 트렌드는 잡지나 오프라인 구경 말고도 지금은 없어졌지만 싸이월드를 통해 전국 각지의 인플루언서들을 보고 따라 할 수 있었다. 지금 인스타그램에 비하면 속도가 느리지만 충분히 트렌드를 파악하기 좋았다. 친구들 사이에서는 일명 등골패딩이라 불리는 노ㅇㅇㅇ 스 패딩이 유행하며 그것을 교복처럼 입기 시작했고, MP3계의 명품 에 어팟을 가지고 있으면 지금의 샤넬백 같은 효과가 있었다. 지금은 스마트폰과 태블릿 PC로 인해 잘 사용하지 않지만 영어 전자사전과 PMP 기기 등을 가지고 있으면 저녁 야자시간에 놓친 온라인 강의를 저장하였다 들을 수 있었고 스마트하게 효율적으로 공부할 수 있었다. 시골이라 애플매장에 가려면 주말을 이용해 근처 시외버스로 두 시간 거리인 대전광역시까지 가야 하거나, 도시에 거주하는 친인척을 통해 받을 수밖에 없었는데도 너도나도 많이 갖고 있었다. 그런 신문물들은 유행처럼 삽시간에 퍼지기 시작하였고, 학생이고 시골이어도 자본주의 격차를 느낄 수 있었다.

나는 안타깝게도 에어팟도 없었고, 등골 패딩도 갖지 못했다. 휴대폰을 고등학교 때 겨우겨우 만들어주셨지만, 급식비도 제때 못 내는 마당에 휴대폰 요금을 제때 내줄 리 만무했다. 휴대폰 요금이 세 달 밀리면 정지가 된다는 사실을 난 일찍부터 알 수밖에 없었다. 모든 것은 상대적이기 마련이지만 상대적 박탈감을 학창시절부터 겪을 수밖에 없었다. 친구들에게는 티를 내지 않았지만 나도 마음속으로는 갖고 싶은 게 많은 여학생이었다. 이가 없으면 잇몸이라는 심보로 에어팟을 사기에는 너무 비싸니, 비슷한 것을 찾기 시작했다. 그 당시 에어팟 모양은 애플 특유의

은광으로 세로로 길쭉한 모양에 윗부분은 화면이었다. 하단 부분은 손으로 터치 동작이 가능한 동그라미 모양으로 되어 있었다. 옥션을 뒤져 보니 비슷한 모양이 있었다. 나는 아빠에게 거짓말을 했다. MP3라고 하면 알아듣지도 못할 뿐더러 학생이 그런 게 왜 필요하냐고 물을 게 뻔했다. 나는 교재를 사야 한다고 둘러대고 돈을 받아 5만 원짜리 짝퉁 에어팟을 샀다. 겉모습은 비슷해도 껍데기일 뿐이었다. 화면은 버벅대기 일쑤였고, 부드럽게 조작이 가능한 애플 에어팟과 달리 누를 때마다 딸깍딸깍 소리가 나서 누가 봐도 에어팟 짝퉁이었다. 마음에 안 들지만 별 수 없었다. 배터리도 어찌나 금방 나가던지 한 시간 노래를 들으면 사망하고 말았다. 어느 날이었다. 애플 에어팟을 가진 친구가 한 명 있었다. 그 친구는 나랑 친하기도 했는데, 그 당시 MP3에 자신이 좋아하는 취향에 노래를 넣고 듣다가, 질리기 시작하면 친한 친구들의 MP3와 바꿔서 들어가며 친구가 담은 노래 중에 마음에 드는 노래를 알아가기도 하고 일종의 취향 소통이 있었다. 그 친구는 별다른 악의 없이 새로 산 나의 짝퉁 에어팟을 만지작거렸다. 나는 순간 안에 있던 모멸감이 폭발했던 것 같다. 그 친구 만지는 손길에 내 짝퉁 에어팟은 둔탁한 딸깍 소리를 어김없이 내어주었고 그 순간 나는 친구 손에서 있던 내 MP3를 확 낚아채버리고 나가버렸다. 그 친구는 굉장히 황당했을 것이다. 나는 그때의 순간이 기억 속에 뚜렷하다. 그 친구와는 다시 아무렇지 않게 지냈지만, 사과를 하기에도 민망한 사건이라 두루뭉술 넘어가게 되었다. 그때 그 사건은 내 인생의 가치관과 마음가짐에 큰 영향을 끼쳤다. 나는 얼핏 보기에 에어팟을 지닌 사람이고 싶었던 것이지, 노래를 듣고 싶었던 것이 아니었다. 만약 노래를 듣고 싶었던 것이라면 짝퉁 에어팟이 아닌 차라리 다른 디자인의 중소기업 MP3였다면 그런 사건을 벌어지지 않았을 것이다. 나는 그때 사건을 계기로 무엇을 소유함으로써 그런 척해 보이는 사람으로 살지 말기로 결심 했다. 없으면 없는 대로 살고 나의 수준에 맞게 결정을 내리기 시작했다. 그 당시에는 에어팟 말고도 초라해지는 일들이 많았다. 결핍은 사람에게 필요 충족을 원하게 하고 성장할 수 있는 발판이 되어준다는 것을 지금은 알지만 그때는 알지 못했다. 하지만 10년도 더 지나고 보니, 그 당시 그 에어팟이 뭐라고 그때 그랬을까 하는 생각이 든다. 그 당시에는 에어팟이 명품백처럼 보였을지언정 지금 에어팟을 들고 다닌다면 구석기 시대의 사람 취급을 당할지 모른다. 시대에 따라 형태만 바뀌었을 뿐이지 그 당시 에어팟처럼 같은 제품들이 있다. 그러한 제품들에 휩쓸려 다니지 않고 쫓겨 다니지 않기 위해선 나 자신이 나에 대한 자아가 만들어져 있어야 한다.

외모에 대한 부분도 마찬가지이다. 나에 대한 매력이 무엇인지 먼저 찾고, 탐색하는 일을 선행해야 한다. 그렇지 않고서 자신과 접점이 없는 완전히 다른 누군가와 되기를 갈망하는 것은 망상 혹은 출구 없는 도망과 같다. 또 그런 식으로 외모를 유행 따라 쫓는다면 얼굴이 남아나질 않을 것이다. 때에 따라 리뉴얼을 해야 하기 때문이다. 국내 차에 대한 악감정은 없지만 독일 3사의 외제차들과 비교해보면 뚜렷한 차이점이 있다. 벤츠, BMW, 아우디 등은 전체적인 자동차 외형을 변경하는 페이스리프트를 적어도 7년~10년 주기로 출시한다. 반면 국내 차들은 신차의 열기가 가시기도 전에 빠르면 2년 내로 페이스리프트를 해버린다. 사람들이 지루해하지 않게 신속하게 더 빨리 신차를 내놓는데도 왜 사람들은 국내 차를 선호할 법한데도 독일 3사의 차량을 선호하고 명품으로 여기는 것일까? 단순히 외제차여서일까? 아니다. 브랜드만의 고유가치가 제대로 유지되고 실현되기 때문이다. 떠오르는 이미지가 이리저리 혼동되지 않고 굳건하게 만들어져 있기 때문일 것이다. 벤츠의 경우 세련된 마크와 부드러운 곡선과 섬세한 디자인으로 고급스러움이 묻어난다. BMW는 좀 더 스포티하면서 운전자에 맞춘 주행력을 만끽할 수 있게 한 남성적인 디자인도 한몫한다. 아우디는 우아하면서도 힘 있는 디자인이 떠오른다. 이들은 페이스리프트를 하더라도 디자인 고유의 색을 유지한 채 수정, 보완할 뿐이다. 그래야만 고유의 가치가 흔들리지 않기 때문이다. 이러한 것은 신념으로 보이기도 한다. 한 사람도 하나의 브랜드라고 생각한다. 고유한 색이 있는 사람과 그렇지 않고 유행에 따라 급급하게 따라 하기 바쁜 사람은 그 결이 다르다.

나는 어렸을 적 내가 놓인 환경에 의해, 많이 흔들렸지만 그 덕에 나 자신에 대한 가치를 차곡차곡 쌓아갈 수 있었다. 나는 누구일까? 내가 하고 싶은 것은 무엇일까? 나는 왜 이렇게 남들과 다르게 불합리한 조건이지? 부끄럽지만 나는 중학교 때부터 나에게 편지를 자주 썼다. 사실 이런 버릇이 생긴 것은 고민 상담할 어른이 없었기 때문이다. 그래서 책에 의존하고 나에게 질문하는 게 버릇이 되었다. 내가 초등학교 때 읽은 책 중에 지금까지도 잊히지 않는 책이 있다. 『안네의 일기』라는 책인데 주인공은 13세 유대인 소녀로 히틀러 나치정권 유대인 학살로 인해 살던 고향을 떠나, 네덜란드 암스테르담으로 망명해야 했고 언제 죽을지 모른다는 공포감을 안고 가족들과 몰래 숨어 살아야 했던 사춘기 소녀이다. 안네는 그러한 생활 속에서도 일기를 써내려간다. 아마도 나는 기댈 곳 없는 안네에게 동질감을 느꼈고, 나도 안네와 같이 일기를 써 내려가며 쓸쓸한 마음에 위로를 받았던 것 같다. 생각을 글로 쓰게 되면 해소되는 응어리들이 많다. 비록 안네의 결말은 해피엔딩은 아니지만, 1942년 그녀의 이야기가 2021년인 지금에도 권장도서로 전 세계 각국에 알려지고 지금까지도 많은 사람들이 다시 읽는 도서라면 죽었지만 살아있는 존재가 아닐까 싶다.

어둠 속에도 틈새 빛을 찾는 사람이 있는가 하면, 햇볕에 있어도 그림자만 보는 사람이 있다. 그것은 자신을 바라볼 때도 마찬가지이다. 나라는 존재를 하나의 명품으로 만드는 일은 '나'라는 브랜드를 이해하는 일이다. 명품이 되는 길은 자신을 알아가고 소신 있게 만들어가는 일이다. 내가 샀던 짝퉁 에어팟은 이제 살 수조차 없고, 어디 제품인지 회사 이름도 기억조차 나지 않는다. 에어팟은 추억 속에 사라졌을지언정 애플이라는 회사는 세계적으로 더욱더 강대해져 우리 삶 속에 살아 있지 않은가? 형태가 바뀌어도 고유한 가치는 변하지 않는다. 소녀 안네는 고작 15세의 나이에 사망했으나, 그 죽음은 헛되지 않고 『안네의 일기』라는 귀한 명품으로 살아 있다. 우리는 모두 모조품으로 시작하지 않는다. 하지만 그 끝이 모조품이 될지 명품이 될지는 자신이 선택하는 것이다.

08

×

남자는 명품백 두른 여자보다,
피부 고운 여자에게 끌린다

　남자들은 명품백 두른 칙칙한 여자를 좋아할까? 피부가 빛나고 윤이
나는 여성을 좋아할까? 당연히 후자일 것이다.

　원시시대의 남성과 여성의 역할은 매우 달랐다. 남성들은 가족들이 당
장 먹어야 할 먹이를 위해 사냥을 나가야 했고 사냥에서 먹이를 가져오
며 그것을 빼앗기지 않기 위해선 무리에서 힘이 가장 세야 했다. 그래서
남성들은 지금도 서열본능이 남아 있고, 돈 많고 능력 있는 남성이 여성
에게도 인기가 있다. 이와 달리, 여성은 타고난 신체적 힘이 약할 수밖에
없기에 힘 있는 남성들이 먹이를 구해오면 그것을 잘 손질하고 자손들을

보살피는 역할을 한 것이다. 남성들은 태아 시절부터 남성호르몬에 의해 여성보다 시각이 더 발달한다. 능력 있는 우두머리 남성이 시각적으로 매력 있고 우수한 여성을 차지하였다. 남성들은 자신의 자손을 건강히 낳아줄 매력 있는 외모를 가진 골반이 크고 매력 있는 여성에게 끌릴 수밖에 없고, 여성들은 경제적 능력을 갖춘 남성을 선호한다. 지금의 우리가 살고 있는 자본주의 체제가 인류 역사 중 하루로 가정했을 때 마지막 1초 전에 출현한 것처럼, 불과 우리 엄마, 아빠 세대만 봐도 남자들은 직장에 나가 돈을 벌어오는 성 역할이 당연했고, 여자들은 아이들을 돌보고 살림을 하는 게 당연했다. 체제가 변해도 인간은 오랫동안 수렵 채집사회에 적응되어 살아온 역사가 길기 때문에 우리에게는 무시할 수 없는 여성과 남성에게 있는 동물적인 본능이 살아 있다. 그래서 남성은 명품백보다는 외적으로 끌리는 여성에게 당연히 본능적으로 끌릴 수밖에 없는 구조다. 여성도 마찬가지로 외적인 것보다는 능력 있는 남성에게 끌릴 수밖에 없다. 재벌가들이나 성공한 남성 사업가들은 그동안 미모의 여성과 결혼한 것만 봐도 여실히 드러나지 않던가.

코로나로 인하여 다들 스마트폰이나 디지털에 의존하다 보니, 여러 어플이 많이 생겨나고 유행이 되고 또 없어지는데 그중에서 소개팅 어플이 대세라고 한다. 실제로 주변에서 종종 비대면으로 만나 연인을 사귀거나, 결혼까지 이어지는 경우까지 보이는 걸 보면 세상이 정말 많이 바뀌었다고 생각이 든다. 어플 중 상당수는 어플을 이용하기 위한 가입 조건이 있는데 최근 인기를 끌고 있는 어플은 상위 클래스에 속하는 소위 금수저라 불리는 사람들만 가입할 수 있는 조건인데 웃프지 않을 수 없었다. 남성은 외제차 소유 여부와 연봉, 거주지가 통과 되어야만 하고 여성은 까다로운 외모 심사를 통과해야만 해당 어플에 가입할 수 있는 조건이다. 어느 세대보다 남녀평등을 지향하고 젠더의 성향이 짙은 MZ세대임에도 현실적인 이성을 고르는 선택지에서는 여실히 본능이 남아 있다는 것을 알 수 있다. 대학교 친구들이 속해 있는 단톡방에서 한번 화제가 된 사건이 있다. 친구들 중 새로운 어플이나, 재밌는 어플 사용에 능숙하고 발 빠른 친구가 한 명 있는데 그 친구가 재미 삼아 소개팅 어플에 가입하려고 하는데 몇 번을 시도해도 가입이 안 된다는 것이었다. 이유인즉슨, 여자는 어플의 가입심사에 통과하려면 가입되어 있는 남자들로부터 자신이 올린 셀카 사진으로 얼굴평가를 받아야 하는데, 과반수의 점수가 평균 이상이 나오지 않으면 가입이 반려되는 것이었다. 며칠을 도전해보았지만 안타깝게도 내 친구의 셀카 사진은 통과를 못한 것이었다. 나머지 친구들과 어플의 오류가 아니냐며 나를 포함해 여러 명이 가입을 시도했는데 정상 작동되는 것이었다. 가입되자 마자 모르는 남성으로부터 채팅까지 오니 나는 덜컥 겁이 나서 삭제해버렸다. 허울뿐인 가입심사가 아니고 현실이었다. 요즘은 점점 더 고도화되어 국가기관이 인증한 서류만 취급하거나 엄격한 기준을 만들어 능력과 외모가 상위 수준인 사람만 모아 놓은 일명 '금수저' 인증을 거친 사람들끼리 인연을 맺어주는 어플이 인기를 끌고 있다고 한다.

소개팅 어플 가입 조건만 봐도 남성들은 이성을 고를 때 외모를 얼마나 중요하게 생각하는지, 여성은 남성의 능력을 얼마나 중요하게 생각하는지 여실히 드러난다. 남자와 여자의 뇌는 다르다. 그렇기 때문에 화성에서 온 남자, 금성에서 온 여자라는 말도 있지 않은가? 남자들은 지배 욕구와 자극에 강하고, 여성들은 안정 욕구가 대부분 강하다. 그래서 우리 여자는 경제적 기반이 갖춰 있는 남성을 찾게 되는 것이다. 오히려 명품백은 남성이 들어야 여성들에게 인기가 많을 것이고, 여성들은 외모 관리를 해야 남성에게 인기가 많을 수밖에 없다. 나는 여성들이 오로지 남성에게 잘 보이기 위해 외모와 피부 가꾸기를 하라고 말하고 싶지 않다. 마치 여자에게 잘 보이고 싶어 부모님의 외제차를 훔쳐 온 남자처럼 말이다. 여성인 우리도 돈 많은 할아버지와 결혼한 20대 여성의 사례를 보면 눈살을 찌푸리지 않던가? 하지만 나는 매력 있고 능력 있는 여성이 잘 가꾸어진 피부와 외모 관리로 가려진 외적 매력을 발현하게 하고, 그로 인해 좋은 배우자까지 고를 수 있는 폭이 넓어졌으면 하는 바람이다.

결혼한 친구들이 절반을 채워가고 있을 무렵이었다. 나는 충청도 작은 시골에 있는 여고를 나왔다. 그러다 보니 다들 전국 각지에 뿔뿔이 흩어져 지내도 누가 어떻게 지내는지는 한 사람만 거쳐도 알 수가 있다. 그 소문은 인스타그램 피드 올리는 속도만큼 빠른데, 그래서인지 결혼 무렵에 누가 어디에 시집을 갔고 얼마나 좋은 남편과 재력을 가진 시댁인지 말이 참 많았다. 불행인지 다행인지 나와 가까운 친구들 중에는 누구하나 대단하게 부자인 시댁인 경우는 없었다. 하지만 소문이 삽시간에 퍼진다고 하지 않았던가. 나와는 친하지 않은 친구지만 소문에 의하면 지방대를 나와 무직자였던 K라는 친구는 능력 좋은 남편과 시댁을 만나, 호화스럽게 결혼식을 치렀고 집과 차까지 시댁에서 다 사주었다는 소문이 돌았다. 일명 취직 대신 시집으로 무직자였던 그 친구는 인생 한 방으로 작은 사모님이 되었다는 것이다. 그 친구는 이제는 일을 하지 않아도 되고 틈날 때마다 백화점에 가 마음껏 쇼핑하고 입고 다니는 옷들도 전부 고가의 브랜드뿐이라는 것이었다. 친구들 사이에서는 그 친구가 부럽다며 자신의 신세를 개탄하는 소리가 여기저기 퍼졌다.

인류가 발전하고 과학이 발전해도 인간의 본성은 크게 변하지 않았다. 하지만 나는 친구들 사이에서 부러움의 대상이 된 그 친구가 사실은 부럽지 않았다. 일종의 시기심과 박탈감일 수도 있겠다. 나는 오로지 외모 하나로만 남성에게 인기가 좋아 현대판 신데렐라가 되는 것을 바라지 않는다. 그저 거스를 수 없는 인간의 본성을 인정하되, 남성에게 의존하는 여성이 아닌 자신을 아름답게 가꿀 줄 알고 스스로를 독려하며 여자가 봐도 멋있는 하나의 독립된 여성으로 매력 있기를 바란다. 여자도 예쁜 여자를 좋아하고 애기들도 예쁜 사람을 알아본다. 외모는 단순히 이목 구비가 예쁜 것이 다가 아니다. 그 사람만의 분위기, 태도, 말투 등이 결합된 모든 가치의 합이다. 내 외적인 요소들이 균형을 이룰 때 비로소 그 사람의 진정한 가치가 더욱더 빛을 발하는 것이다. 여성의 독립을 보장하기 위한 사회의 변화는 너무 느리고 주변 남자에게 의존해 명품을 사고 편하게 사는 모습을 자랑하는 여성들을 보면 위화감이나 박탈감을 느낄 수도 있다. 하지만 그런 것에 흔들리지 않고 자신의 결정권을 지켜내는 강인함이 진정한 아름다움이라고 생각한다. 남이 사준 명품이 가질 수 없는 가치를 스스로 만들어내고 그것에서 자신의 자존감과 아름다움을 찾는 사람이 진정 멋을 아는 존재라고 생각한다.

나는 나의 고객들과 이 책을 읽는 독자들이 남성에게 잘 보이기 위해서가 아닌, 본인 스스로가 만족하는 여성이 되고, 명품처럼 고귀한 가치를 지닌 여성이었으면 한다. 명품 브랜드의 명품백이 빛나는 데에는 그 안에 스토리와 희소성이 있기 때문이다. 나는 나의 고객과 독자들이 자신만의 스토리가 탄탄하고, 희소가치가 충분한 여성이 되어 현대판 신데렐라가 아닌, 대체 불가한 헤어 나올 수 없는 매력과 외모의 소유자로 대한민국 남성들의 마음을 뒤흔드는 여성이 되었으면 좋겠다.

"

모조품이 될지

명품이 될지는

자신이 선택하는 것이다.

"

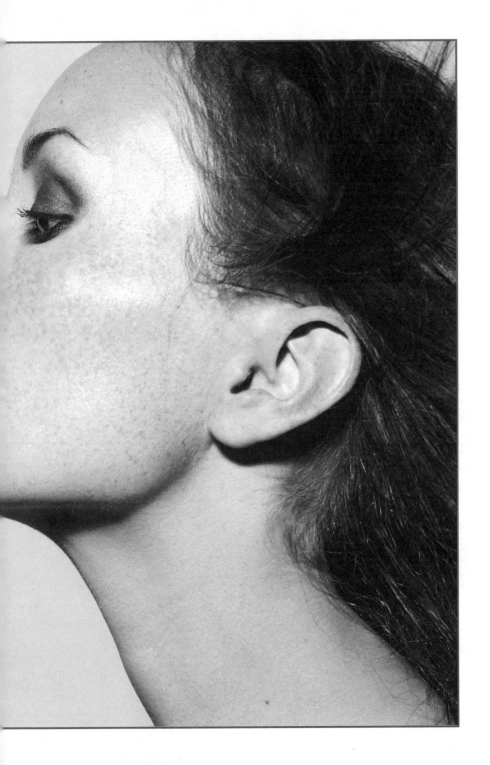

In the end,

inner beauty is revealed on the outside.

A woman with a dream never grows old.

3장

×

여자의 피부와
자 존 감 의
7 가 지 비밀

01

×

피부 자존감은
나로부터 시작된다

국어사전에 나오는 자존감(自尊感)의 뜻은 '스스로 품위를 지키고 자기를 존중하는 마음'이다. 서점에 가면 자존감이라는 단어가 들어있는 책을 쉽게 접할 수 있다. 자존감이란 자기 자신을 존중하고 사랑하는 마음이다. 그만큼 현대 사회를 살아가는 우리가 얼마나 자기 자신을 사랑해주고 알아봐줄 겨를도 없이 치열하게 살아왔는지 여실히 드러나는 현상이다. 자존감이란 것은 다른 용어로 자아 존중감이라 하며, 미국의 의사이자 철학자인 윌리엄 제임스가 1890년 처음 사용하기 시작하였다. 자기 자신을 객관화하는 것은 자아 존중감의 첫 단추이며 종종 자존감이라는 개념은 자존심과 혼동되어 쓰이는 경우가 있다. 자존감과 자존심은 자신에 대한 긍정이라는 공통점이 있지만, 자존감은 '있는 그대로의 모습에 대한 긍정'을 뜻하고 자존심은 '경쟁 속에서의 긍정'을 뜻하는 등의 차이가 있다고 명명되어 있다. 나의 숍에 찾아오는 대부분의 사람들은 피부에 대한 스트레스를 어느 정도 가지고 있고, 다양한 피부 타입을 가지고 있다. 방문 전 상담지를 통해 자신이 생각하는 피부 상태에 대하여 체크하는 목차가 있는데, 0점~5점까지 체크하게 되어 있고 자신의 피부가 마음에 든다가 5점, 최악이다가 0점이다. 재밌는 사실은 본인이 체크한 피부 상태가 점수와 항상 맞지만은 않는다는 것이다.

한 사례로 상담지에 본인의 피부 상태가 최악 0점을 체크한 상태고, 이미 피부에 쏟아부은 돈이 1,000만 원 이상이며, 각종 레이저 시술과 에스테틱 숍의 마사지를 많이 받아본 상태로 SNS로 나의 숍을 알게 되어 오신 분이 있었다. 본인의 피부 상태가 무엇을 해도 마음에 들지 않으며 돈만 썼을 뿐 효과가 미비하다는 것이 가장 큰 고민이었다. 피부과에서 받는 레이저 시술도 20대 때는 효과를 보았지만 이제는 피부가 점점 얇아지고 늙어가기만 할 뿐이라는 것이다. 나는 많은 피부 상담을 해왔고, 염증으로 뒤덮인 문제성 피부를 주로 케어하다 보니, 그분보다 더 악화된 피부 상태를 너무 많이 보아왔는데 그분의 피부는 기능적 측면에서 매우 정상적이고 미적인 부분도 나쁘지 않았다. 나는 그분께 어떤 피부가 되고 싶은지 물었다. 그분은 까무잡잡한 피부 타입이었는데, 자신의 친구처럼 백옥같이 하얗고 깐 달걀 같은 피부가 되고 싶다고 하셨다. 덧붙여 다시 한번 그 친구를 언급하며 그 친구처럼 본인도 피부가 좋았으면 한다고 하셨다. 우리의 피부는 유전적으로 이미 태어날 때부터 가지고 있는 멜라닌 색소의 양에 따라 피부색이 결정되고 톤을 밝게 할 수 있지만 흑인이 백인이 될 수 없듯 그분이 원하는 피부는 될 수가 없다. 그 부분을 설명 드리고 타고난 색을 바꿀 순 없지만 피부를 한 톤 맑게는 될 수 있다고 설명드리고 두 달 정도 케어에 들어갔다. 주기적으로 케어를 받으니 첫 대면 때의 피부보다 맑은 광을 머금기 시작했다. 하지만 그 고객님은 좋아진 점은 보지 않으시고, 매번 케어 때마다 첫 상담 시 말했던 그 친구를 얘기하며 언제 그렇게 될 수 있냐는 답변만 돌아왔다. 모든 회차 관리가 끝났을 때 그분은 좋아진 점은 인정하셨지만 본인이 바라는 피부가 되진 않았다고 하셨다. 나는 그분께 피부 케어는 장기적인 투자라고 말씀드리고 그분을 달콤한 말로 장기 회원으로 끌고 갈 수도 있었지만, 나중에 필요하면 오시라고 하고 두 달 케어를 끝으로 이별을 고했다.

사람을 대면하고 케어를 하는 직업이라, 같은 케어를 하더라도 돌아오는 피드백이 천차만별이다. 긍정적인 분들은 확실히 피부 피드백도 좋고 개선 속도가 빠름을 많이 느낀다. 자존감은 자기 자신을 객관적으로 먼저 인식하는 것이 첫 번째고 자신이 가진 강점과 약점을 인정하는 것이다. 피부도 마찬가지로 자신의 가지고 태어난 강점과 약점이 있다. 고객들 중 지성 피부를 가진 고객들은 건성 피부를 부러워하는 분들이 많이 있다. 소위 개기름이라고 불리는 기름이 오후가 되면 번지르르해져서 스트레스인데, 건성 피부인 사람들은 하루 종일 뽀송해 보이기 때문이다. 틀린 말은 아니다. 지성 피부의 경우 건성 피부에 비해 피지선이 발달하여 기름막이 잘 형성된다. 피지 분비량이 많으면 모공 속 피지가 쌓여 여드름의 발생 가능성이 높아진다. 하지만 나이 들면서 피지선도 같이 노화되기 때문에 나이 들어서는 여드름 발생도 줄어들고 적절하게 분비되는 피지가 주름생성을 막아주고 피부 보호막 역할을 톡톡히 해준다. 어렸을 때 여드름 피부인 친구들이 나이 들어 주름이 안 생긴다는 이야기가 이렇게 해석이 되는 것이다.

건성 피부는 모공이 잘 안보이고 청소년기 여드름 피부와 달리 아기 모공이 특징이다. 20대 초반까지는 보통 피부 좋다는 소리를 들을 확률이 매우 크다. 하지만 이 피부들은 타고난 피지선이 적기 때문에 본격적인 노화가 가속화되는 20대 후반부터는 건조함을 지성 피부보다 더 빨리 느낄 수 있고, 보습을 잘 챙겨주지 않으면 주름이 쉽게 생길 우려가 매우 크다. 특히 눈가나 입가는 피지선이 거의 없다시피 해서 눈가와 입가 주름을 조심해야 한다. 30대 후반부터 눈에 띄는 잔주름 고민으로 숍에 방문하는 고객들이 많다. 일찍이 이런 고민을 하는 대부분의 분들이 대부분 젊은 시절 피부 좋다는 소리를 들었던 건성 피부였다.

피지선의 양에 따라 건성, 지성으로 나뉘어졌을 때 장단점도 다르지만, 멜라닌 색소에 의한 흰 피부, 검은 피부의 장단점도 확실하다. 미국의 피부과 의사 피츠패트릭 피부 분류에 의하면 멜라닌 색소의 종류와 만들어지는 양에 따라 피부의 색이 1형부터 6형까지 나뉘며 1형은 가장 밝은 피부로 백인으로 생각하면 되고, 6형은 가장 어두운 아프리카계 흑인을 생각하면 된다. 한국인은 보통 4형과 5형에 대부분 해당된다. 멜라닌 세포의 수는 하얀 피부와 까만 피부 둘 다 세포의 수는 같다. 세포 수는 같지만 만들어내는 색소의 양이 차이가 있고 멜라닌 생산력이 좋은 세포를 가진 사람은 피부가 까무잡잡하다. 멜라닌의 종류는 2종류인데 페오멜라닌과 유멜라닌이다. 멜라닌의 역할은 익히 알고 있듯이 자외선으로부터 우리 피부를 보호해주는 것이다. 유멜라닌은 자외선으로부터 피부를 보호해주는 기능이 발달되어 있다. 반면에 페오멜라닌은 자외선 보호 기능이 약하다. 백인은 페오멜라닌을 많이 갖고 있는데 이 피부들은 자외선으로부터 공격에서 막아낼 강력한 무기 유멜라닌이 부족하여 조기노화와 피부암에 걸릴 확률이 높다. 보통은 까만 피부보다 흰 피부를 선호하는 경향이 있는데 흰 피부일수록 자외선의 공격으로부터 자유로울 수 없다. 그래서 흰 피부일수록 주근깨, 기미 등 색소침착이 더 잘 눈에 띄어 나이 들어 고민인 경우를 많이 보았다. 이처럼 젊었을 때는 희고, 피지량이 적은 건성 피부를 선호하지만 나이 들수록 어쩌면 손이 더 가고 신경을 잘 써줘야 되는 피부인 것이다. 본인의 피부가 까맣고 지성 피부라면 너무 낙심하지 않았으면 좋겠다.

이렇듯 우리는 모두 양면성을 가지고 있다. 동전의 앞뒷면처럼 가지고 있는 것이 장점으로 보일 수도, 단점으로 보일 수도 있는 것이다. 특히 젊은 세대일수록 단점만 바라보고 자신을 깎아내리는 '자기혐오' 증상에 빠질 우려가 높다고 한다. 자기혐오란 '이상적인 자기의 개념'과 '현실의 자기의 개념' 사이 생기는 차이로 청년기에는 그의 이상형의 차원이 너무 높아 갈등을 일으키는 현상이다. 더욱이 요즘같이 비대면 시대에는 스마트폰만 들여다보면 다들 몸짱에 얼짱이고 젊은 나이에 성공한 사람들이 넘쳐난다. 다들 자기 잘난 부분만 추출하여 올린 것들이다. 24시간 중 인스타그램이나 페이스북, 티브이 속 연예인들을 보다 보니 우리는 이상이 날로 높아질 수밖에 없다. 아름다운 외모나 피부를 갖고 싶다면 먼저 자기혐오적인 마음이나 부정적인 마음부터 버려야 한다. 내가 가진 방향키를 잘 잡으면 남들 뒤를 정신없이 쫓아가는 의미 없는 비교는 멈추게 되고, 올바른 방향으로 나 자신을 가꿔나갈 수 있는 여유가 생긴다. 방향키를 남에게 주는 것이 아닌 내가 잡고 있으면 꾸밈없는 자신도 사랑할 줄 알고, 그렇다고 방치하지도 않게 된다. 더 이상의 의미 없는 남과의 비교로 방향키를 잘못 잡지 말자.

누구나 유전적으로 바꿀 수 없는 부분들이 존재한다. 그것은 피부에도 마찬가지다. 자신이 가지고 있는 피부의 장점과 단점을 잘 인지하고, 바꿀 수 없는 것에 집착하여 의미 없는 시간과 자기혐오를 하기보다, 바꿀 수 없는 부분은 쿨하게 인정하고 지금부터라도 자신의 피부가 가진 장점을 잘 살려 가꿔준다면 매력 있는 피부의 소유자가 될 수 있다. 나는 여러 연령대의 피부 고민을 가진 여성들과 상담하면서 많은 여성들이 가지고 있는 외모에 비해 자기 자신을 낮게 평가하거나 자신감 없는 모습을 많이 보았다. 정말로 피부에 문제가 있어 그럴만한 경우도 있었지만, 위 사례와 같이 남과의 비교를 통해 자기 자신을 깎아내리는 경우도 보았다. 이런 사람들은 피부를 떠나 돈을 수천만 원 들이부어도 본인의 만족을 채우지 못하고 무엇을 해주어도 절대 해결되지 않는다. 내가 가진 외모의 장점에 집중하는 연습을 해보자. 우리 몸을 만들어준 조물주는 우리에게 하나씩 보물을 만들어주었고 생각한다. 그 보물을 잘 가꾼다면 당신도 충분히 외모 자존감이 빛날 것이다.

02

×

여자는 매일 아침
거울을 보며 자존감을 채운다

아기들이 거울을 보며 방긋방긋 웃는 모습을 본 적이 있는가? 영유아 아기들은 생후 15개월이 지날 때쯤 거울 속 자신의 모습을 인지할 수 있다고 한다. 이것을 체크할 수 있는 간단한 테스트로 루주 테스트라는 것이 있는데, 아기가 모르는 사이 루주를 묻히거나 스티커를 붙인 후 거울을 보게 했을 때 어른처럼 자신의 얼굴에 손을 대어 떼려는 행위를 한다면, 거울 속에 비친 자신을 인지하는 것이고, 그러지 못하면 아직 발달전 상태로 인지를 아직 못하는 상태로 보면 된다. 참고로 침팬지, 고릴라 같은 영장류들에게 이 테스트를 했을 때 통과하는 것으로 보였고, 강아지나 고양이는 통과하지 못했다고 한다. 강아지들이 왜 처음 거울을 보면 그렇지 짖어대는지 이제야 이해가 되는 대목이다. 아기들은 거울 속 자신의 모습이 자신임을 알게 되고, 그때부터 '자아인식'을 한다고 한다. 우리는 생후 15개월 이후부터 죽기 전까지 거울을 보며 자기인식을 하고 자아 형성을 해간다고 할 수 있을 거 같다. 물론 자아라는 것이 거울에 비친 모습으로만 형성 되는 것이 아니지만, 매일 아침 우리는 출근 전 화장실에 가서 세안을 하고 여자라면 화장을 하고, 외출복을 고르고 직장에서 돌아와서 제일 먼저 보는 것도 거울일 것이다. 특히 여자라면 아침의 거울 속 비친 얼굴과 외모 상태가 그날의 컨디션을 좌우하기까지 한다.

당신은 하루에 몇 번 정도 거울을 쳐다보는가? 나로 말할 것 같으면, 가장 거울을 많이 보았던 시기는 사춘기 시절이었다. 그때 여중생들 사이에서 고데기 문화가 한창이었는데 남학생이 한 명도 없는 여자들만 모인 여자중학교였는데도 매일 같이 각 반마다 거울 앞에 모여 서로 고데기를 해주고, 입술에 바르는 틴트 정보를 공유하며 외모 가꾸기에 열심히였다. 그리고 여중생들 가방에 책은 없어도 꼭 있는 것이 있다면 손거울이었다. 손거울은 시도 때도 없이 수업시간에도 꺼내어 그날의 피부, 생김새, 그날의 나의 얼굴을 지속적으로 확인하고 보았다. 지금 생각해보면 왜 그렇게까지 꺼내 보았는지 신기할 따름이다. 그만큼 사춘기시절은 여자에게 있어 가장 외모에 관심이 많아지는 시기이고, 타인의 시선에 예민한 시기일 것이다. 남학생들이 손거울 가지고 다니는 것을 보았는가? 반대로 여자들은 중학생뿐 아니라 웬만한 성인 여자들 가방 속에는 손거울이 무조건 있다. 남자들이 거울을 보는 용도는 집에서 면도를 하거나 세안을 할 때, 혹은 헬스장에 운동할 때 거울에 비친 운동하는 모습과 근육을 볼 때일 것이다. 이렇게 남자들에게 있어 거울은 용도에 가깝지만, 여자들이 거울을 보며 하루를 시작하고 외모를 가꾸고 확인하는 것은 남들에게 잘 보이는 모습도 있지만 그보다 자기만족을 위함이 더 크다. 나는 사춘기 시절 집에서도 거울을 많이 보았는데 그때마다 할머니는 여자가 너무 외모를 꾸미는 것은 안 된다며 그것은 마치 사치인 것처럼 걱정스런 잔소리를 하셨다. 그리고 결혼한 여자들 일명 유부녀들이 화장이 짙거나 몸매가 드러나는 옷을 입으면 어김없이 혀를 내두르셨다. 지금은 시대가 많이 바뀌어 결혼하고, 출산 뒤 엉망이 된 자신의 외모와 건강을 가꾸는 것이 당연하고, 오히려 관리를 안 하는 여자보다 출산 후에도 자기 관리를 하는 모습을 보며 멋있는 여성이라 생각하는 분위기이다.

내가 피부 관리숍을 운영하기 전, 병원에서 근무할 당시 있었던 이야기다. 그때도 일대일 도수치료를 했었는데 보통 환자분들의 80%는 모두 여성분들이셨다. 그리고 척추뿐만 아니라, 병원에 방문하는 성별은 나이 불문 대부분 여성분들이다. 드라마 속 병원 풍경을 떠올려 봐도 보통 남자들보다는 아주머니, 할머니들이 병실에 가득하지 않던가? 내가 치료

했던 그분은 법조계에 몸을 담고 있는 40대 전문직 여성의 커리어우먼이셨고, 슬하에 자녀는 세 자녀가 있었으며 셋째를 출산한 지 얼마 안 된 상태로 복직하셨는데, 몸 상태가 너무 안 좋아 근처에 병원을 오시게 되신 것이었다. 나는 그때 20대 초반이었고 결혼은 먼 얘기고 풋내기 연애 중이었던 시기였다. 그분은 정장 차림으로 이목구비도 뚜렷하신 아름다운 외모를 지니고 계셨는데 어쩐지 지쳐 보이는 그림자가 항상 드리워져 있었다. 그녀의 아이 셋을 키우며 맞벌이하는 하루 일과는 이러했다. 새벽 5시에 일어나 출근 준비와 동시에 아이들 학교 보낼 준비를 하고, 간단히 아침을 먹이고 설거지통에 때려 붓듯 그릇들을 담가두고 자녀 둘은 남편이 등교를 시키고, 본인은 어린이집에 막내를 데려다주고 출근한다는 것이었다. 출근 후 회사에서의 업무량도 만만치 않지만 퇴근 후 일상이 더 두렵다는 그녀였다. 항상 정시 퇴근이 아니기에 졸이는 마음으로 어린이집에 막내를 가서 데려오고, 집에 도착해서는 밀린 설거지와 빨래, 저녁을 먹이고 애들 숙제를 봐주고 씻기고 재우고 나면 하루 일과가 끝나버린다는 것이다. 그렇게 하루하루가 쌓이니 몸이 성할 리가 없었고 도저히 통증이 참기 힘들어 안 되어 양해를 구하고 일주일에 한 번씩 점심 시간을 쪼개어 치료를 받으러 오시는 것이었다. 그리고 그녀에게 들은 가장 마음 아팠던 말은 거울 볼 시간조차 되지 않아 모든 일과가 끝난 자정이 다 된 시간에야 샤워 후이나 거울 속에 비친 자신을 볼 수 있다는 것이었다. 아이를 키우다 보면 그런 시기가 잠깐이고 평생 가는 것은 아니겠지만 나는 어쩐지 마음 한편이 무겁고 내 눈에 멋있어 보이는 커리어우먼조차 맞닥뜨리고 있는, 가정이라는 안락함 뒤에 따라오는 이면의 현실이 앞으로 다가올 나의 미래 같기도 해서 두렵기도 했다. 지금은 그때에 비해 사회 분위기도 많이 변해서 맞벌이를 하더라도 육아는 엄마의 전담이 아닌, 남편과 같이 하는 게 당연한 일이고, 육아를 하면서도 자기 자신을 소홀히 하지 않는 여성들이 많아진 것으로 보인다.

여성들은 결혼을 하면 자기 자신을 위한 것들보다 남편, 자식에게 편중되게 신경을 쓰는 경향이 있다. 피부 관리숍에 오는 여성들의 연령대도 극명하게 나뉜다. 미혼여성 20~30대 혹은 어느 정도 자녀를 다 키워놓고 독립시켜 놓은 50~60대 여성들이 대부분이다. 어쩐지 이제 막 자녀를 키우기 시작한 출산 직후의 여성이나 한참 아이들을 키우는 나이대의 여성들의 비율은 크지 않다. 아마도 앞서 말한 여성분처럼 시간적 여유도 부족한 탓이 클 것이다. 적은 비율이지만 오시는 분들을 보면 대부분 피부뿐 아니라, 몸매관리도 신경을 잘 쓰시는 분들이 많았다. 게다가 이런 분들이 그렇다고 집안이 재력가 이거나 남편이 대단한 고액연봉자도 아니었다. 이분들은 가정과 자신을 따로 떼어보는 경향이 있었고, 공통적으로 일주일에 한 번만이라도 자기 자신만을 위한 시간이 꼭 있었다. 나는 이런 분들을 보며 나중에 아기를 낳더라도, 나만을 위한 시간을 일주일에 한 번이라도 만들어야겠다는 생각이 들었다.

아서 비먼 미국 몬태나대학교 교수는 핼러윈데이 때 집집마다 사탕을 얻으러 다니는 어린이들을 대상으로 실험을 했다. 그는 사탕 바구니에 있는 것 중에 1개만 가져가라고 말하고 자리를 비웠다. 그 결과 33.7%가 2개 이상을 가져갔다. 다음에 그는 사탕 바구니 옆에 어린이들이 자신을 볼 수 있는 거울을 비치하고 하나만 가져가라고 했다. 그러자 2개 이상 가져가는 어린이가 8.7%로 줄어든 것을 발견했다. 쿨리에 의하면 어린 아이는 자신을 둘러싼 주변 사람들에게 비치는 자신의 파편들을 하나하나 주워 모아 내재화함으로써 자아 정체성을 형성해나간다고 한다. 또한 성인이 되어서도 다른 사람의 시각을 통해 자신을 바라보며, 반은 의식적으로 반은 무의식적으로 주변 사람의 기대에 부합하는 사람으로 살아간다고 하였다. (출처: 네이버지식백과 '거울자아이론(LookingGlassSelf)') 인간은 자기 자신이 생각하는 자신의 자아와 거울에 비친 모습을 보고 태도가 바뀌듯 타인에 의해 비쳐지는 자아가 서로 맞물려 다듬어 가는 것이라고 생각한다. 타인의 시선을 너무 신경 쓴 나머지 보여주기 위한 외모 꾸밈과 겉치레에 치중하는 것도 물론 문제지만, 그 전에 선행되어야 할 것은 자기 자신이 '나'를 어떻게 바라보고 아껴줘야 하는지를 알아야 한다고 본다. 그동안 우리나라의 많은 여성들은 결혼과 동시에 자기 자신을 희생시키고 가족들을 챙기는 경향이 너무 강했다. 사춘기 시절, 시시때때로 거울을 보고 치장하던 소녀들은 죄다 어디로 갔는가? 요즘은 아줌마와 젊줌마로 나뉜다. 젊줌마라는 뜻은 젊은 아줌마의 줄임말이다. 젊은 처자 같은 유부녀를 뜻하는 말이다. 아줌마는 예전 드라마 속 뽀글이 머리를 한 억척스런 아줌마의 느낌이다. 나는 나의 고객들이나 독자들이 결혼을 하더라도 매일 아침 사춘기 소녀처럼 거울에 비친 자신을 보며 흡족해하고, 자신에게 만족하는 젊줌마가 되길 바란다. 아침 거울 보는 시간은 고작 1분도 채 걸리지 않는다. 잠깐이라도 자기 자신의 모습을 보고 자기 자신을 사랑해주며 스스로 챙길 줄 아는 여성이 되길 바란다.

03

×

피부에는 반드시 그 사람의
성격이 드러나게 되어 있다

우리는 태어나기 전 유전자에 의해 생물학적 특성이 결정되고, 세상에 태어남과 동시에 노화가 시작된다. 난자와 정자가 만나 수정체를 이루는 순간 유전자 차이에 의해 남성과 여성으로 나뉘고, 2차 성징이 오기 전까지 뽀송뽀송 아기 같은 피부로 지내다가 성호르몬의 폭주 사춘기를 거쳐 25세 정도가 되었을 때 노화에 가속도가 붙는다. 사람마다 타고난 유전자에 의해 피지선의 양이 다르고, 멜라닌 생산 능력도 다르다. 그것들은 피부의 색, 피지량을 조절하여 평생 내가 입고 다닐 육체의 겉가죽을 결정한다. 남성은 남성호르몬만 분비되고, 여성은 여성호르몬만 분비한다고 착각하는 경우가 있는데, 남성과 여성 모두 남성호르몬과 여성호르몬을 생산한다. 같은 남성이어도 생산되는 남성호르몬의 양은 다를 수 있고, 같은 여성이어도 생산되는 여성호르몬의 양은 다를 수 있다. 피부에서 피지량과 밀접한 관련이 있는 것은 남성호르몬이다. 남성호르몬이 많이 분비될수록 피지선이 자극 받아 피지분비량을 증가하게 한다. 남성호르몬이 또래에 비해 많으면 청소년기 여드름 발생이 빈번할 수 있다. 남성들이 대부분이 지성 피부인 이유이기도 하다. 여성호르몬은 남성호르몬과 반대로 피지 분비를 억제하는 역할을 한다. 피부 결을 매끈매끈 곱게 만들어준다. 사춘기에는 여성도 남성과 같이 부신의 기능이 활발해져 안드로겐(남성호르몬) 분비가 많아져 여드름이 잘 생길 수 있다. 하지만 많이 걱정할 필요는 없다. 보통 여성이 분비하는 남성호르몬의 양은 남성이 분비하는 양의 1/10~1/20 수준이다. 아무리 많이 분비되어도 남성만큼의 양은 되지 못한다. 우리는 호르몬에 의해 몸속 장기뿐 아니라 겉으로 보이는 피부까지 좌지우지된다고 볼 수 있다. 타고난 호르몬 수치에 의해 청소년기에는 특히 티존에 트러블이 빈번히 유발되고 피지 분비량이 많으니 모공의 크기가 커질 수밖에 없다.

여드름이나 피지가 많은 이유로 상담 오는 경우가 많다. 이런 분들은 대개 피지를 원수 대하듯 지긋지긋해하신다. 여성 여드름 피부 상담 시 반드시 체크하는 요소 중 하나는, 청소년기 여드름의 유무이다. 청소년기 성선(2차 성징)이 발달되는 시기부터 꾸준히 여드름이 있었고, 피지량이 많았던 분들은 대체적으로 청소년기에 특히 티존에 집중되어 여드름이 많이 발생 된다. 여성은 고환이 없는데 어떻게 남성호르몬이 만들어질까? 남성에서는 대부분 고환에서 만들어지지만, 여성의 신체에서는 부신에서 남성호르몬을 분비한다. 호르몬은 피지샘을 자극하게 되는데 이런 케이스는 피지선의 분포가 많은 티존에 여드름이 생기기 쉽다. 호르몬은 피부뿐 아니라 성격에도 영향을 줄 수 있는데, 대체적으로 청소년기 티존 여드름이 있었던 분들은 타고난 성격도 시원시원한 경향이 있다. 대게 의욕적인 기질이 있고, 꼼꼼함보다는 단순한 기질이 강하다. 얇고 높은 목소리보다 두꺼운 중저음 목소리를 만들 수 있으며, 운동능력이 발달하여 골격근 형성에 조금 더 용이할 수 있다. 타고난 지성 피부를 가진 여성들을 보면 외부 신체활동을 즐기거나 즐기는 운동이 하나씩은 꼭 있다. 이와 반대로 남성의 경우 또래 동성에 비해 남성호르몬 수치가 낮을 경우, 여성처럼 피부가 매끄럽고 고울 수 있으며 성격 또한 꼼꼼한 경향이 있다. 여성과 같이 남성이 여성호르몬 수치가 높다 해서 절대 여성만큼 분비되지는 않는다. 여성호르몬 에스트로겐은 지방을 축적시키는 역할을 하고 피부의 콜라겐 합성을 도와준다. 여성의 경우 갱년기가 오면 여성호르몬 에스트로겐 수치가 낮아지게 되는데 이때 주름 증가와 더불어 피부탄력도가 급속도로 떨어지는 이유는 이 때문이다. 보통 남성은 평생에 걸쳐 여성에 비해 높은 남성호르몬을 유지하지만, 갱년기가 되면 그전과 달리 남성도 테스토스테론 호르몬 수치가 떨어지고, 상대적으로 여성호르몬 비율이 올라간다. 이때 갱년기 아저씨들은 눈물이 많아지거나, 홈쇼핑을 즐기는 현상을 보이기도 한다. 호르몬의 변화가 이처럼 우리의 행동이나 성격을 변화시킬 수 있다는 점을 보면 100%는 아니지만 피부만 봐도 어림짐작하여 성격이 보인다는 것은 터무니없는 말은 아닌 것이다.

20대 중반 전형적인 지성 피부를 가진 여성분이 한 분 계셨다. 그분의 현재 피부 상태는 여드름으로 고생하는 상태는 아니었지만, 넓어진 모공과 지나간 여드름 흔적들이 고민이라 방문하게 되었고, 피부에 스트레스를 너무 받았던 유년 시절에 비하면 지금 피부는 상태가 나은 편이지만, 세안을 하고 나면 항상 얼굴이 붉어지고, 겉은 기름이 많은데 속은 너무 건조해 어떻게 할지 몰라 찾아오게 되었고 더 이상의 악화를 방지하고 싶다고 하셨다. 이분은 이따금씩 생리 주기에 따라 생리 전 여드름이 올라오는 정도였다. 성격도 시원시원하시고, 털털한 전형적인 지성 피부 성격이셨다. 남성호르몬이 비교적 많은 분들은 에너지가 많다. 건성 피부에 비해 신진대사가 활발하여 활동을 많이 해도 잘 지치지 않는다. 이 여성분도 에너지가 많아 평일에는 열심히 일하고 하루 쉬는 날에는 집에 있지 않고, 전국 방방곡곡 나가 에너지를 쏟아내는 분이셨다. 이런 분들은 의욕적이어서 오히려 집에 가만히 있는 일이 곤욕인 분들이 많다. 지성 피부인 경우 대체적으로 건성 피부보다 피부 두께도 탄탄하고 좋다.

하지만 각종 레이저와 여러 시술 자극으로 피부가 얇아지고, 예민해지는 경우도 꽤 많다. 이 고객님도 타고난 피부는 두꺼운 지성 피부였지만, 20살부터 반복된 시술과 본인 스스로의 피부 자극으로 얇아지고, 건성 피부보다 더 건조하게 돼버린 것이다. 일명 수부지 피부라고 불리는 전형적인 피부 타입이었다. 이런 경우는 부족한 것부터 채워줘야 한다. 피부가 작은 자극에도 빨갛게 올라오는 것은, 아프다고 소리치는 것과 같다. 지성 피부의 장점이 피지량 분비가 원활하여 피부 보호능력이 건성 피부보다 유리하다는 것이다. 그 유리한 장점마저 잃지 않으려면 제대로 된 케어가 필요하다.

전형적인 건성 피부 타입은 알다시피 모공이 정말 안 보인다. 실크처럼 부드럽고 아기 피부 같기도 하다. 이런 분들은 대개 청소년기에 여드름 때문에 고생하는 경우가 거의 없다. 결핍은 필요를 만든다. 결핍이 없었기에 피부에 관심도도 낮다. 피부가 좋다고 잘 느끼지도 않는다. 그러다가 성인이 되어 스트레스나 외부환경에 의해 한두 개 나기 시작하면 그때부터 거슬리기 시작한다. 흰 도자기 같던 피부에 뭐라도 나기 시작하면 가만히 두지 못한다. 건성형 피부 타입의 경우 신진대사가 전반적으로 느리다. 그래서 흰 피부를 가졌더라도 누렇게 흰 피부는 대부분 건성형인 경우가 많다. 누렇게 보이는 것들은 각질들이다. 나이 들수록 피부 턴 오브 주기가 길어진다. 피부 턴 오브 주기라는 것은 피부세포가 태어나서 각질층으로 올라와 외부로 떨어져 나가기까지의 시기를 말한다. 하지만 나이 들수록 신진대사가 느려지듯이 피부세포의 대사도 느려진다. 그래서 28일이지만 50일까지 늘어나기도 한다. 같은 나이여도 피부 나이가 다르다는 것은 피부 턴 오브 주기가 다르다고도 볼 수 있다. 지성 피부는 피부를 보호해주는 피지 성분이 원활히 나오기 때문에 보호 능력이 뛰어나다. 건성 피부는 피지 분비량이 적어 피부보호를 해주는 각질층의 역할이 커질 수밖에 없다. 대표적인 건성 피부 타입으로 오신 분이 계셨다. 피부가 건조하면 오톨도톨 각질들이 더 부각된다. 입가 주변은 피지선이 거의 없기에 각질들이 더 부각된다.

이런 유형은 압출을 함부로 하면 안 된다. 이분은 타고난 건성형이기에 전에 겪어보지 못한 트러블들이 눈에 보이는 것이 상당히 거슬렸을 것이다. 당장 없애고 싶은 마음에 손을 대기 시작했다. 건성 피부, 지성 피부 할 것 없이 나는 여드름이나 뾰루지는 절대 손으로 만지거나 짜내지 말라고 한다. 손에 세균을 오히려 조직에 넣어주게 될 뿐 아니라, 그것들은 2차, 3차 감염까지 될 수 있기에 차라리 그냥 두는 편이 낫기 때문이다. 급한 마음은 항상 탈이 나기 마련이다. 이분은 점점 턱에 염증이 퍼지는 것을 느꼈고, 안 되겠다 싶어 폭풍검색을 시작해 나에게 오게 된 것이었다. 아까도 말했듯 건성 피부는 피부 턴 오브 주기가 대체적으로 느리다. 이런 분들은 더욱더 피부에 상처가 생기거나, 압출로 인해 색소가 생겼을 경우 회복되는 데 시간이 오래 걸린다. 그럼 어떻게 해야겠는가? 건들이지 말아야 한다. 재생인자가 들어 있는 화장품으로도 한계가 있다. 화장품은 보조일 뿐이다. 이분은 절대적으로 손으로 건들이지 않기로 나와 약속하고 코칭을 따라왔다. 다행히 턱 부분을 제외한 나머지 피부는 건강한 상태였다. 2~3개월가량 습관 컨트롤과 함께 각질 개선과 더불어 유수분 밸런스에 집중하여 케어를 하니, 더 이상 오톨도톨 트러블이 올라오지 않았다. 건성형 피부를 갖고 있다면 피부 각질을 적절히 녹여주고, 유수분을 적절히 케어해준다면 지성 피부 못지않게 탄탄하고 윤기 있는 피부가 될 수 있다. 건성형 피부들은 트러블이 한두 개 나기 시작하면 '지성 피부로 바뀌었나?' 착각하게 되어 당장 지성 피부 화장품으로 바꾸거나, 손을 대기 시작한다. 하지만 그때부터 최악의 시나리오가 펼쳐질 수 있다. 성인 이후 여드름은 환경적 요소가 크다. 건성 피부들이여! 한두 개 트러블이 나더라도 눈감아줄 수 있는 넓은 아량을 베풀어보자.

타고난 피부 기질은 변하지 않는다. 하지만 어떻게 관리했느냐에 따라 지성 피부가 건성 피부처럼 건조해지고 예민해질 수 있고, 건성 피부도 성인여드름 때문에 지성 피부로 착각할 수 있다. 요즘은 남녀불문 피부와 외모에 관심이 많다. 불필요한 정보도 넘쳐난다. 본인의 피부 성격과 맞지 않는 잘못된 방법을 행하면 좋아지기는커녕, 본인이 가지고 있던 피부의 장점마저 깎아 먹을 수 있다. 같은 부모 밑에서 자랐어도 형제마다 성격이 다른 것처럼 피부도 타고난 기질이 비슷해도 세월 따라 다르게 변한다. 자신의 현재 피부 상태에 만족하지 못한다면, 가까운 전문가에게 찾아가 올바른 방법을 처방 받길 바란다. 당신의 꼼꼼한 성격이 외려 피부를 망칠 수 있다.

×

아주 작은 습관이 모여
피부를 만든다

하루 일과를 일기에 기록해본 적이 있는가? 우리는 어렸을 때 일기를 한 번도 안 써본 사람은 없을 것이다. 항상 방학 숙제에 빠지지 않는 것은 방학일기였고, 놀기 바빴던 나는 방학 끝물에 몰아쓰기 일쑤였는데, 하루하루 밀린 일기를 당장에 쓰려니 정말이지 곤욕이었다. 속전속결로 하루 만에 쓴 일기는 당연히 결과물이 최악이었다. 나는 피부 상담을 오는 신규 회원들 상담 시 꼭 면밀히 짚고 가는 부분이 있다. 그것은 피부의 관점으로 하루를 기록하는 것이다. 피부의 관점으로 하루를 기록하며 내려가다 보면 의외로 무의식적 습관들이 피부를 망치고 있는 경우가 꽤 많았다. 하루하루 쌓인 나쁜 피부습관들은 내가 어렸을 적 미루다 쌓여

만신창이가 된 일기처럼 피부를 엉망으로 만들 수 있다. 피부를 망치게 되는 여러 습관들 중 대표적인 안 좋은 습관을 적어보자면 이렇다.

① 첫째, 클렌징을 너무 과하게 한다. 특히 아침에도 거품 클렌징을 한다.

– 클렌징은 1회면 충분하다, 아침은 물세안만 해도 된다.(4장 04 참고)

② 둘째, 토너를 빼먹고 기능성 에센스부터 바른다.

– 클렌징 후 토너는 필수다. 토너는 다음 단계 화장품을 흡수하게 해주기 위한 부스터제다.

③ 셋째, 수건을 사용하지 않는다.

– 수건이 찜찜하여 사용하지 않으면 안 된다. 사용하되, 마찰이 심하지 않게 물기만 제거한다.

④ 넷째, 선크림을 바르지 않는다.

– 선크림은 365일 필수다.(04장 06 참고)

⑤ 다섯째, 습관적으로 얼굴에 손이 가고 만진다.

– 씻지 않은 손은 세균이 어마어마하다. 그 손으로 얼굴을 만지는 것은 곧 스스로 균을 들이부어 넣어준다는 것이다. 게다가 물리적 자극이 계속해서 가해지면 피지선이 자극되고, 불필요한 피지를 유발시킬 수 있다.

⑥ 여섯째, 물은 안 먹고, 커피만 섭취한다.

– 물 섭취는 하지 않고 커피만 섭취할 경우, 탈수 증상이 올 수 있다.

피부에 수분이 기본이라는 것은 모두가 아는 사실일 것이다. 커피를 끊을 수 없다면 충분한 물 섭취를 권장한다.

⑦ 일곱째, 닦아내는 패드를 매일 사용한다.

– 일명 '닦토'가 언젠가부터 성행했다. 화장 솜에 토너를 묻히거나 화장품이 묻어나오는 패드의 사용도 클렌징의 종류로 구분될 수 있다. 불필요한 자극이 누적되면 피부를 예민하게 만들 요인이 될 수 있다.

⑧ 여덟째, 웹서핑으로 허우적대다 새벽에 취침한다.

– 성인에게도 성장호르몬이 나온다. 잠만 잘 자도 동안 피부가 될 수 있다.(4장 03 참고)

⑨ 아홉째, 매일매일 고온 샤워를 한다.

– 우리나라 사람들만큼 깨끗한 민족도 없을 것이다. 매일 가벼운 미온수 샤워 정도는 괜찮지만, 매일 사우나 하듯 고온으로 20분 이상 지지는 행위는 피부 장벽 손상을 초래하고, 수분 이탈, 노화 가속도를 부추길 수 있다. 특히 홍조 피부들은 고온 샤워는 더욱 금물이다.

⑩ 열째, 머리를 안 감고 잔다.

– 얼굴 클렌징은 2차 3차 꼼꼼히 하다못해, 극성인 반면 의외로 두피 클렌징 샴푸는 저녁이 아닌 아침에 하는 경우가 많다. 우리 신체 중 피지선이 가장 많이 분포하는 곳은 얼굴과 두피이다. 두피는 얼굴과 달리 모발에 덮여 있어 습한 환경이 만들어지기 쉽다. 하루 종일 생활하면서 외부 오염물질들이 쌓이기 쉬운 환경이다. 그런 오염물질과 피지로 뒤엉킨

두피 상태로 잠든다는 것은, 집에 들어와 발도 씻지 않고 신발 신고 침대에 자는 행위와 같은 것이다. 얼굴 클렌징은 최소화하고 저녁에 두피 클렌징을 하길 바란다.

나는 지금 수원 광교에 위치한 메디컬스킨케어숍 어센티코스를 운영하고 있다. 위 잘못된 습관들은 실제 고객들의 상담 사례들 중 가장 많이 차지했던 습관들을 추려놓은 것이다. 피부가 편해지는 방법은 의외로 쉬울 수 있다. 좋은 습관을 하나 들이는 것보다 나쁜 습관 하나 고치는 것이 정말로 어렵다. 게다가 우리는 무의식적으로 하는 행동들은 이미 자리 잡혀 있어 우리가 인지하지 못할 때도 많다. 코로나의 장기화로 인하여 마스크 생활로 인해 많은 분들이 답답함을 느끼고 있고, 나지 않던 여드름이 나고 그로 인해 방문해주시는 고객님들도 꽤 많았다. 처음 코로나로 우왕좌왕일 때를 다들 기억할 것이다. KF94 마스크 쟁탈전이 말이 아니었다. 약국에 공급되는 한정수량을 사려 새벽부터 줄을 서는 진풍경이 일어나기도 했고, 마스크 수량이 바로바로 체크해주는 어플까지 개발되었었다. 지금에야 마스크 공급이 원활해 다음날 출근 때 써야 할 마스크 걱정은 덜하지만 그때 당시를 떠올리면 다들 아찔할 것이다. 처음 마스크 생활을 할 때는 정말이지 숨이 막히고, 한여름에는 얼굴 속이 찜질방이었다. 하지만 지금은 어떠한가? 어센티코스를 방문하는 고객님들뿐 아니라, 주변 지인들도 한결같이 이제는 마스크를 벗는 것이 마치 속 옷을 벗는 기분처럼 어색하고 민망하다고 말한다. 금세 우리는 마스크에 적응해버린 것이다. 피부에는 마스크 쓰는 것이 좋을까? 안 쓰는 것이 좋을까? 당연히 마스크 생활을 안 하는 것이 좋다. 피부도 생명에 지장을 줄 만큼은 아니지만 피부도 호흡기능이 있다. 밀폐된 공간 속은 피부 온도를 상승시키고, 여드름 균이 좋아할 환경이 되기가 좋다. 나쁜 습관들은 지금의 마스크 생활과 같다. 피부에 안 좋다는 걸 알지만 오래되면 익숙하여 무감각하게 된다. 지금의 마스크 생활이 언젠가는 끝을 보겠지만, 끝이 나더라도 단번에 마스크를 모두 벗고 다니진 않을 것이다.

가까운 나의 사람이자, 인생의 동반자인 나의 남편은 과민성대장증후군과 알레르기성 비염을 가진 극도로 예민한 피부와 면역상태를 가지고 있으며, 지성 피부이지만 후천적인 나쁜 습관들로 인해 피부가 망가지고 늘어진 피부 상태였다. 뜨끈한 샤워를 좋아하여 여자인 나보다도 오랫동안 샤워하는 습관도 있었다. 게다가 컴퓨터 게임을 좋아해서 몇 시간이고 앉아 게임을 하는데 그때마다 무의식적으로 오톨도톨 피부에 만져지는 피지들을 뜯어내고 그 손으로 또 키보드를 만지는 아주 나쁜 습관을 가지고 있었다. 명색의 피부 관리숍 원장 남편인데 그 버릇을 고쳐주기 위해 나는 갖은 잔소리를 했지만, 나아질 기미가 보이지 않았다. 바쁜 스케줄 속에 남편 피부 살리기 프로젝트로 몇 주간 관리를 진행했고, 붉은 기 있던 피부가 많이 진정되고 오톨도톨 피지들과 중력에 이기지 못해 늘어졌던 얼굴선 정리가 되었다. 본인도 간질거리던 피부의 느낌도 사라지고 한결 편해졌다고 하였다. 그리고 어느 날 나는 퇴근 후 집에 갔는데 상상도 못할 장면을 보았다. 컴퓨터와 키보드 세척을 강조했는데 그런 잔소리가 씨알도 안 먹히던 남편이 욕실에서 키보드를 세척하고 있는 것이 아닌가? 심지어 글자 패드 하나하나 빼서 닦고 끼우기를 하고 있었다. 어쩐 일이냐고 물으니 피부가 좋아지니 키보드를 그대로 쓰면 예전 피부로 돌아갈 것 같아 세척을 한다는 것이다. 일절 외모나 피부에 관심이 없던 남편의 그런 모습을 보니 귀엽기도 하고 기특했다. 누구나 무의식적 행동으로 인해 피부가 망가질 수 있다. 한 번쯤 피부 관점에서 하루를 기록해보기를 권장한다. 예를 들어, 아침에 눈을 떠 욕실에 들어가하는 행위 하나하나를 기록해보는 것이다. 클렌징하는 물의 온도와 마찰 강도를 생각해보고, 수건을 거칠게 닦아 내는 습관, 한 단계 한 단계 천천히 바르지 않고 전단계에 바른 화장품이 흡수되기 전 바르는 스킨케어 습관, 매일 바르지 않는 선크림, 출근 후 수시로 사용하는 기름종이, 퇴근 후 집에서의 샤워 습관, 홈케어 습관 등을 기록해보고 본인이 위 사례 중 어떤 것을 하고 있는지 살펴보고, 더 궁금한 점이 있다면 어센티코스 카카오채널로 문의하길 바란다.

당신의 얼굴을 아주 여린 아기 엉덩이라고 생각하라. 아주 여린 아기 엉덩이를 마구잡이로 만지거나, 고온수를 들이붓거나 막대하지 못할 것이다. 나는 우리 숍에 방문하거나 비대면으로 코칭 받는 고객들에게 항상 당부하는 말들이 있다. 본인 스스로의 피부 상태가 마음에 안 들어도 귀한 피부처럼 아기 엉덩이 다루듯이 곱게 다루라고 당부한다. 나도 모르는 사이 이미 망가지고 엉망이라는 생각에 자신의 피부를 거칠게 대하는 경우를 많이 보았다. 물론 적절한 케어와 솔루션이 들어갔을 때 빠른 시일 내에 피부가 개선되지만, 마인드가 결합되지 않으면 피부 개선 속도에 마이너스가 된다. 긍정적인 사람이 피부 개선 속도도 빠른 것을 느꼈다. 그리고 피부가 좋아지면 좋아질수록 본인의 피부를 개차반이 아닌, 왕비처럼 다루게 되고 본인 피부에 취하게 된다는 말도 듣는다. 나는 본인 피부에 취할 수 있는 여성들이 많아지길 바란다. 자기 자신에게 취하다. 얼마나 멋진 말인가?

05

×

예민한 여자 피부는
고양이보다 까다롭다

예민한 피부는 왜 예민할까?

예민하다는 건 무슨 뜻일까?

나는 왜 얼굴이 잘 붉어지는 걸까?

태어날 때부터 예민 피부를 가지고 태어나는 사람은 없다. 예민 피부는 다른 말로 민감성 피부다. 일반적인 사람은 피부에 도포해도 아무런 장해를 일으키지 않는 물질에도 염증이 쉽게 일어나기 쉽고, 소양감, 피부 상기, 발진 등의 증상이 나타나는 자극에 대해 약한 피부라고 할 수 있다. 민감해지기 쉬운 피부 타입은 피부의 두께가 얇거나, 타고난 면역

기능이 약하거나, 알레르기 유전 인자가 있을 경우, 혹은 후천적으로 여러 요인에 의해 예민 피부가 될 수 있다.

특히 최근에는 정신적인 스트레스와 식생활, 주변 환경에 따라 민감성 피부라고 생각하는 사람도 적지 않다. 지성 피부도 예민 피부가 될 수 있고, 건성 피부도 예민 피부가 될 수 있다. 여성의 경우 남성에 비해 화장품 사용 빈도수가 많고, 각종 시술, 한 달에 한 번 주기적인 생리적 호르몬 변화로 인하여 예민성을 띠는 여성분들이 더 많아진 것으로 보인다. 타고난 알레르기 체질인 경우 안타깝지만 피부도 함께 민감해질 수밖에 없다. 내적인 요인이 강하게 작용할 경우 면역기능을 올릴 수 있는 생활습관을 병행하지 않으면 피부 또한 건강해지기 쉽지가 않다.

나는 세 마리의 고양이를 키우는 집사이다. 첫째는 가정 분양, 둘째는 분양 숍, 셋째는 길에서 구조한 고양이로 성격도 다르고 타고난 건강체질도 다르다. 고양이의 경우 생후 1년 동안 성격이 형성되고, 이때 스스로의 면역상태도 견고해지게 되는데 사람으로 따지면 고양이에게 생후 1년이 사람의 20살까지의 성장과 같다고 한다. 고양이는 강아지와 달리 성격이 예민하다. 본인 마음에 안 들면 간식도 잘 먹지 않고, 특히 청결이 중요해서 고양이 화장실의 경우 제대로 관리해주지 않으면 고양이들은 소변을 참게 되고 스트레스를 받다 보니 방광염이 생기는 경우가 무척이나 많다. 우리 첫째는 가정에서 어미의 젖을 충분히 먹고 나에게로 왔다. 첫째가 애들 중에서 타고난 면역은 가장 좋을 것이다. 둘째는 분양 숍에서 데려왔는데 곰팡이성 피부염을 달고 있었다. 그 당시 분양숍의 위생상태가 굉장히 좋지 않았다. 사실 데려온 이유도 귀여워서가 아니고 딱한 마음이 너무 커서 알면서도 데리고 왔다. 분양숍에서는 고양이들이 빨리 크면 안 되기에 사료도 적게 먹였던 것 같다. 영양실조 증상으로 삐쩍 말라 있었다.

첫째 때는 겪지 못한 일들이 많이 발생했다. 코에 번식하기 쉬운 곰팡이균은 나아지다가도 환절기 때마다 우리 둘째의 코를 공격했다. 배변활동에 스트레스 받지 않도록 화장실을 포함한 주변 환경을 청결하게 유지시켜주고, 간식보다는 사료와 물을 충분히 먹을 수 있게, 그리고 실컷 놀수 있게 매일 꾸준히 놀이를 해주었다. 이렇게 1년, 2년 기본에 충실히 해주니 이제 우리 둘째 꼬미는 코를 괴롭히던 균으로부터 자유로워졌다. 이처럼 같은 환경에 있는 고양이여도 가지고 있는 면역상태가 다르기 때문에 세 마리 중 둘째 꼬미만 피부염 반응이 올라 온 것이다. 하지만 본인이 알레르기 체질을 가지고 있다고 하여도 낙심할 필요는 없다. 내적인 면역상태가 좋지 않더라도 기본에 충실하다면 예민 피부도 마찬가지로 개선될 여지가 충분히 있다. 민감한 피부 중에서도 본인이 알레르기 체질인지 아닌지 확인할 수 있는 체크리스트가 있다.

알레르기 체질 테스트

□ 부모 둘 다 혹은 한쪽이 알레르기 체질이다.

□ 땅콩 알레르기, 복숭아 알레르기 등 음식 섭취에 의한 알레르기

   반응이 있다.

□ 환절기에 재채기가 나타나고, 코가 막힌다.

□ 과민성 대장 증후군 증세가 있다.

□ 순금이 아닌 액세서리 종류 착용 시 간지럽거나 붉게 올라온다.

□ 화장품에 민감하여 화장품 변경 시, 항상 조심해야 한다.

□ 천식이나 기관지염에 걸린 적이 있다.

□ 빈번하게, 혹은 알 수 없는 이유로 피부가 붉어지곤 한다.

□ 여행지에 가면 트러블이 자주 올라온다.

□ 피부가 자주 건조하고 따가운 느낌도 있다.

□ 어렸을 때 아토피를 앓았던 경험이 있다.

위 사항 중 상당수 항목에 해당한다면 알레르기 체질일 확률이 높다. 그리고 이러한 사람들은 남들보다 계절적 영향, 환경의 변화에 민감하게 반응하고 그로 인해 피부염 증상이 발현되어 열감과 따가움도 느낄 수

있다. 이런 사람들은 전반적으로 피부에 열을 많이 갖고 있거나, 피부 수분도가 낮아 피부 트러블이 쉽게 발현된다. 본인이 피부염에 유독 취약한 알레르기 반응을 일으키는 요소나 환경을 인식하여 메모해두고, 피하거나 취약한 계절에는 몸의 면역과 피부 보습에 조금 더 신경 써준다면 악화를 막을 수 있다. 민감성 피부를 가진 사람의 경우 대부분 각질층의 수분도가 낮고, 각질층의 세포 사이 지질이 깨져 있을 경우가 많다.

민감한 피부라는 것은 피부 장벽이 연약해져 있다는 뜻이다. 장벽을 튼튼하게 만들어가는 것이 첫 번째이자 중요한 핵심인데, 여자들의 경우 내적인 호르몬 변화까지 동반되어 장기적인 관점으로 피부 장벽 개선을 해야 한다. 과도한 클렌징 사용을 자제하고, 피부에 가하는 물리적 자극을 피하고, 고온 샤워나 피부에 열을 가중 시킬만한 요소도 자제해야 한다. 본인이 가지고 있는 천연보습인자를 지키는 것이 먼저고, 그다음 수분도를 유지하는 것이 중요하고, 본인에게 맞는 저자극 보습제품과 오일 사용을 권장한다.

우리 집 타고난 건강 체질 첫째 보리도 심각한 피부 염증을 앓은 적이 있다. 건강한 피부 체질을 가지고 태어났다 하여도, 후천적으로 피부염 혹은 민감성 피부로 될 수 있다는 것이다. 고양이도 턱에 여드름이 난다는 사실을 아는가? 나도 처음 겪었을 때는 고양이에게 여드름도 난다니

신기하고 귀엽기만 했다. 생긴 모양도 사람 여드름처럼 빨갛고 농이 차 있는 여드름이 아닌 검은깨가 묻은 것처럼 박혀 있는 형태였다. 생성되는 원리는 사람과 마찬가지로 피지 과잉과 모공 막힘이고, 심각해지면 2차적으로 염증이 생기는 것이다.

한참 청년기의 나이인 보리에게 지방과 기름기가 많은 사료 먹이고, 철제로 된 그릇을 사용하여 턱의 여드름 생성을 부추겼던 것이다. 내가 저지방 사료와 사기 그릇으로 바꾸고 매일 저녁 애정을 쏟아 턱에 온찜질을 해주었더니, 점차 나아지는 듯하였다. 그리고 여드름은 눈곱만큼 남은 상태로 우리는 신혼여행을 가게 되었고, 일주일 넘게 떼어놓는 죄책감에 비싼 고양이 호텔에 투숙시켜주었다. CCTV로 언제든 우리 고양이들을 볼 수 있어서 안심이었지만, 우리 보리는 둘째 꼬미와 달리 잠도 제대로 자지 않고 창문 밖만 바라보는 모습에 마음이 너무 아팠었다.

그리고 한국에 돌아오자마자 고양이 호텔로 향했다. 애교 없는 보리가 격하게 에옹거리며 문도 열기 전에 아우성이었다. 그리고 보리 턱을 확인했는데, 거의 나아가던 여드름의 상태가 말이 아니었다. 아이들을 봐주던 호텔 사장님은 보리가 사나흘 동안 밥도 거의 먹지 않았고, 물도 안 먹었으며 잠도 잘 못 잤다고 하는 것이었다. 참깨 같이 박혀 있던 여드름이 아닌, 고름이 동반된 커다란 고름딱지가 되어 있는 상태였다. 고양이는 스트레스에 취약하다. 사람도 스트레스를 받으면 트러블이 악화된다. 보리는 새로운 환경 탓에 여러 스트레스는 물론 밥과 물도 먹지 않고 잠도 자지 못했으니 피부가 심해지는 것은 당연한 순리였다. 나는 신혼여행에서 돌아와 그전처럼 다시 케어를 해주었고, 보리는 자신의 영역, 집으로 돌아오니 안정을 되찾았고 빠른 속도로 여드름이 개선되었다.

타고난 알레르기성 피부를 가지고 있을 경우도 있지만, 후천적으로도 누구나 내적, 외적 요소에 의해 민감한 피부로 변할 수 있다. 고양이는 강아지와 달리 영역 동물이다. 새로운 환경에 노출되면 적응하는 데 시간이 오래 걸리고 하나하나 스트레스로 받아들인다. 그것들이 몸으로 피부로 나타난다.

민감한 피부도 이와 같다. 다른 정상 피부보다 외부 환경에 적응 속도가 느리고, 그것이 피부로 발현된다. 민감한 피부를 가진 여성들을 보면 굉장히 꼼꼼한 경향이 있다. 예민하다는 것은 섬세하다는 말도 될 수 있다. 고양이가 예민하지만 기본 철칙을 잘 지켜주고 스트레스 요소를 제거해주면 건강하게 오래 살 수 있다. 우리 집 고양이들은 각기 다 다르지만 모두 건강한 편이다.

당신이 고양이처럼 예민한 피부 타입을 가지고 있다고 낙심하지 않기를 바란다. 둔감한 피부 타입보다 조금 더 신경 써줘야 할 부분이 있지만 그것만 잘 다뤄준다면 헤어나올 수 없는 고양이의 매력처럼 사랑스러운 여자가 충분히 될 수 있다.

06

×

자존감을 깎아 먹는
대표 벌레, 피부 트러블

평생 한 번 이상 두드러기를 경험하는 인구수는 얼마나 될까? 나이가 들면 잘 발생하는 무좀을 겪을 확률은 얼마나 될까? 여드름을 과거에 경험했거나 현재 앓고 있는 성인은 몇 %나 될까?

두드러기 경험 확률 15~20%, 무좀 걸릴 확률 36.5%이고 조사에 따라 다르겠지만, 여드름을 과거에 경험해보았거나 현재 앓고 있는 성인은 무려 79~98% 달한다고 한다. 청소년기 여드름, 성인 여드름, 생리 전후 여드름, 좁쌀 여드름, 화농성 여드름, 화장품 여드름 등등 여드름 단어로 끝나는 것이 아닌 여드름의 단계별 명칭과 호소하는 양상에 따라 여드름은 다양한 이름을 갖고 있다. 그만큼 여드름 한 번 안 난 사람은 주변에서 찾기 힘들 정도다. 나는 문제성 피부 케어 전문점이라 많은 여드름 고객 분들을 만난다. 여드름 녀석이 지독한 것은 한번 났다고 끝이 아닌, 잘못된 압출과 생활 방식으로 악화되거나, 색소가 남을 경우 평생 피부에 흉터로 남거나 흔적이 평생 갈 수 있다는 것이다. 이로 인한 스트레스는 단기적인 것이 아닌 장기적으로 지속될 경우 사회 활동 시, 자신감 저하와 심하게는 우울증까지 일으킬 수 있다. 여드름은 청소년에게만 해당되는 피부질환이 아니다. 성인의 경우 스트레스나, 호르몬 변화에 의하여 빈번히 발생할 수 있고, 한 번 케어를 받거나 치료를 한다고 하여 완료가 아닌 평생을 관리해야 하는 동반자라고 생각한다. 여드름의 상태가 심하거나 스킨케어의 범위에서 벗어난 경우는 병원으로 안내해 드리지만, 스킨케어로 가능한 타입은 단기에도 빠른 효과를 보기도 한다. 여드름이 자신감을 줄어들게 하는 것은 물론, 사회생활까지 지장을 준다는 말이 과대해석이 아니라는 것을 나는 내 고객들을 보면서 더욱 피부로 와 닿았다.

나는 여드름 피부 상담 시, 타고난 유전적 기질과 후천적 기질을 함께 본다. 타고난 피지선의 발달 차이가 여드름 유발시킬 수 있는 큰 요인이기 때문이다. 유전적인 피지 발달형 지성 피부의 경우에 컨디션 저하와 스트레스로 피부 면역까지 떨어진 상태라면 다른 피부 타입에 비해 여드름이 발생될 확률이 크다. 남자들의 경우 청소년기 안드로겐의 영향으로 여자들보다 여드름으로 인해 고생할 확률이 좀 더 크다. 옛날 어르신들이나 부모님들은 여드름은 한때 지나가는 계절과 같다 하여, 그대로 두면 나아질 거라는 말에 청소년기에 그대로 방치하고, 본인 스스로가 취득한 정보로 자가 압출과 잘못된 필링, 화장품 사용으로 악화되어 오는 경우도 더러 있다. 보통 피부 관리실은 여성들의 전유물의 느낌이라 피부과보다 어쩐지 남성들이 직접 찾아오기 민망한 느낌이 있어 예약 잡고 온다는 것은 엄청난 용기를 갖고 오시는 분들이다. 최근 그렇게 용기를 내어 온 고객님이 계신데 이분은 취업 준비생인 대학생이었다. 어렸을 때부터 축구와 여러 운동을 즐기던 남성분이셨고, 청소년기 여드름이 많이 발현되었지만, 군 입대를 하고 2년 가까이 규칙적인 생활과 식습관으로 피부 컨디션이 많이 좋아지셨다고 했다. 그런데 군 제대 후, 그 전에 여드름 상태보다 훨씬 더 심하게 여드름이 나고 심각하다고 판단하여 온 것이었다. 그분은 부모님의 영향으로 여드름이 발생되기 쉬운 지성 피부 타입이었고, 현재 피부 상태는 시험 준비와 더불어 취업준비로 인한 스트레스가 극심한 상태였다. 그로 인해 피부 면역상태가 말이 아니었고, 웬만한 홍조피부를 가진 여성보다 많은 열을 머금은 피부였다. 그분은 피부 때문에 잘생긴 얼굴이 가려져 안타까웠다. 게다가 정보의 방대화로 인하여 유튜브나 네이버에 널려 있는 가공되지 않은 정보들로, 피부는 더욱 엉망이 되어가고 있었다. 피부과도 가보았지만, 30분가량 마취크림

도포 후 압출을 받았는데 그 고통이 너무 심하여 피부 케어에 대한 두려움도 생긴 상황이었다. 그분의 피부개선을 위한 첫 번째 솔루션은 피부의 온도를 낮추고, 진정시키고 편안한 피부로 만드는 것이 급선무였다. 모든 문제성 피부는 열감을 많이 동반한 연약해진 상태인 경우가 다반사다. 열감이 해결되지 않은 상태에서 무리한 압출이나, 필링이 들어 갈 경우 재생능력이 받쳐주질 못해 외려 악화되는 경우가 있다. 이분은 차근히 진정케어와 여드름 추출을 받으셨고, 그것만으로 진행 중인 여드름의 개체수가 확연히 줄었으며, 두 달가량 꾸준한 습관 개선과 노력으로 본인이 느낄 정도로 열감이 많이 낮아지고 더 이상 염증으로 뒤덮인 여드름이 나오지 않았다. 평균적으로 남성이 여성보다 피지선이 발달되어 있고 그래서 청소년기 남성들이 극심하게 여드름으로 고생할 확률이 크다. 하지만 적당량의 피지는 우리의 피부를 약산성으로 만들고 보호해주는 역할을 해주기에, 과도한 화학적 자극으로 피지를 씻어내는 것은 금물이다.

 반대의 사례로, 청소년기 내내 꿀 피부를 자랑하던 여성분이 있으셨다. 청소년기 보통 피부가 좋았던 분들은 상대적으로 성인 여드름이 났을 때, 스트레스를 더 많이 받는 경향이 있다. 살아오는 내내 피부로 고생해본 적이 없으니, 몇 개만 보여도 스트레스인 것이다. 대부분 성인 여드름은 남성보다는 여성에게 더 많이 유발되는 것으로 보인다. 매달 월경으로 인해 뒤바뀌는 호르몬 영향도 있겠지만, 평균적으로 남성보다 여성이 화장품에 대한 관심도 많고, 많이 사용하기에 그로 인한 화장품 자극들도 무시하지 못한다. 이 여성분은 타고난 기질은 건성 피부에 가까웠고, 가을 겨울 건조함을 극심하게 느끼는 건조 피부였다. 직장생활을 시작함과 동시에 한두 개씩 여드름이 올라오더니 점점 턱과 이마를 뒤덮은 것이었다. 먼 거리를 오가는 출퇴근으로 인한 몸의 피로도와 첫 사회생활로 인한 스트레스는 물론이고, 장시간 앉아서 일을 하다 보니 변비는 물론이고, 전체적인 몸의 순환 상태도 좋지 못하였다. 나지 않던 여드름이 눈에 보이니 스트레스를 받고, 잘못된 자가 압출로 흉터까지 발생한 상태였다. 여드름이 일단 발생하면 일반인들은 얼굴 기름이 많아서라고 착각하는 경향이 있다. 그래서 클렌징을 심하게 하고 피지선을 말리는 여드름 전용 제품으로 갈아타는 경우가 있다. 하지만 이 여성분 같은 경우는 피지과다로 인한 여드름이 아니었다. 모공 속 각질이 많이 쌓여 있는 모공 과각화 현상으로 보였으며, 각질층이 메말라 있는 상태였다. 피지량 조절보다 오히려 피부보호를 위한 수분 충전과, 몸의 대사를 높일 생활 개선이 급선무였다. 이런 분들은 장벽구조 개선을 위해 장기적인 플랜이 필요하다. 스트레스를 아애 없애 제로로 만들 수 없듯이 스킨케어만으로 여드름 발생이 아예 안 되게 할 수 있는 방법은 없다. 사람마다 각기 다른 여드름이 발생될 수 있는 요인들을 제거해나감으로써 최선의 해답을 찾아갈 뿐이다.

혈액형이 같다고 하여 똑같은 사람이라고 할 수 없듯이, 눈에 보이는 여드름의 상태가 비슷하다고 하여 다 똑같은 피부일 수 없다. 위 두 사례 분들만 봐도 겉 피부만 봤을 때 같은 여드름으로 생각할 수 있다. 하지만 누구나 얼굴에 붉은색으로 촘촘히 여드름 숫자가 점점 채워질수록, 피부에 대한 만족도는 누구나 떨어질 수밖에 없을 것이다. 곰보 같은 피부와 매끈한 도자기 피부 중 어떤 피부를 고르라고 하면 무엇을 고를 것인가? 당연히 매끈한 도자기 피부일 것이다. 특히나 메이크업을 하는 여자들에게는 피부결의 상태가 그날의 메이크업을 좌우한다. 더욱이 여자에게 외모 관리란 평생 관리라는 말이 있다. 나는 한창 푸릇푸릇한 나이인 20~30대 청년기에 여드름으로 인해 스트레스 받는 분들을 너무도 많이 보았다. 타고난 지성 피부인 분들도 있었고, 여러 요인에 의해 발생되는 성인 여드름도 많았다. 조금 과장하여 여드름을 피부 자존감을 갉아먹는 대표 벌레라고 표현했지만, 사실 여드름이 벌레는 절대 아니다. 평생에 누구나 겪을 수 있는 피부 질환 중 한 가지일 뿐이다. 다만 예전에는 청소년기에 잠깐 꽃피우는 여드름 꽃이라고 불렸을 만큼 성인이 되면 자연스레 없어지는 경우가 많았지만, 그 시절 생활환경과 지금의 현대식 환경도 다르거니와 요즘같이 경쟁의 시대, 취업난, 스펙 쌓기, 근무환경으로 인해 젊은이들은 피부까지 고통 받는 경우가 많다. 그로 인한 스트레스는 곧 성인 여드름으로 이어지는 경우가 많다. 여드름이 있다고 하여 자존감이 낮다고 할 수도 없다. 오히려 자존감이 높은 사람일수록 몇 개 난 여드름을 대수롭지 않게 여긴다. 하지만 반대로 몇 개 난 여드름이 신경 쓰여 마구잡이로 만지거나, 잘못된 케어로 빈대 잡으려다 초가삼간 태우는 경우를 많이 보았다. 올바른 여드름 케어로 여드름을 벌레가 아닌, 거리두기가 필요한 불편한 친구 정도로 생각하길 바란다. 불편한 친구를 멀리하려면 천천히 친구의 관심도가 나에게 오지 않으면 된다. 그 방법은 4장 명품 피부 만들기에서 설명하겠다.

07

×

나이 든 여자의 얼굴에서
인생이 보인다

여러 직종 중에서도 피부 관리업을 하는 사람들은 누구보다 많은 여자들을 볼 것이고, 단회성이 아닌, 다회성으로 장기간 보다 보니 다양한 연령대와 직업, 환경에 놓인 여성과 대화하며 간접 경험도 많이 해볼 수 있는 장점이 있다. 20~30대 여성들은 이제 막 노화가 시작하는 나이이거나, 관리의 효과가 지금을 위함이라기보다 미래에 대한 투자이기 때문에 돌아가기 힘들 정도의 피부 무너짐 현상은 많이 없다. 하지만 50~60대의 여성의 경우는 다르다. 이미 수십 년간 관리를 소홀히 해왔거나, 미처 신경 쓰지 못한 것이 고스란히 피부에 보일 수밖에 없고, 표정 주름으로 인해 세월 동안의 풍파가 보이기까지 한다. 나는 어렸을 때 할머니 손에 자라서 항상 쭈글쭈글한 나이 든 여성 얼굴이 눈에 익숙했다. 그래서 할머니들은 나이 들면서 생기는 주름이 당연하고 늙으면 다 똑같겠구나 생각했는데, 도시에 나와 살아보니 우리 할머니와 동년배인 할머니들의 모습은 너무 많이 달랐다. 그 이후부터 나는 시골에 내려갈 때마다 햇볕에 그을려 새까맣고, 이미 너무 깊어 더 이상 깊어질 수 없는 주름을 볼 때마다 마음이 아프기까지 했다. 내가 이 일을 조금 더 빨리 했더라면 할머니의 주름이 조금 덜 했을까?

내가 처음 오픈한 숍은 수원에 있는 아파트 단지 내의 조그만 피부숍이었다. 아파트는 연식이 오래되었고, 25평 단일 평수이기에 자식들을 다 길러놓은 어르신 부부가 사시거나, 자식들을 독립시켜놓고 사는 부부이거나, 이제 막 살림을 시작하는 신혼부부, 아장아장 걷는 애기를 키우는 학부모 등이 사는 활기찬 동네였다. 나는 첫 가게인 만큼 홍보에 대하여 아무 것도 몰랐고, 남들이 다 하는 전단부터 뿌리기 시작했다. 요즘 잘 하지 않는 개업 떡도 가득 해서 아파트 장이 열리는 날 주민들에게 모두 떡을 돌렸지만 좀처럼 예약 문의가 오지 않았었다. 그렇게 몇 주가 지났다. 조그맣고 하얀 뽀글머리의 할머니가 숍에 들어오셨다. 지난 장날에 돌렸던 떡을 드셨는지 떡이 너무 맛있었다고 칭찬하시며 말을 이어갔다. 푸근한 인상과 달리 할머니의 얼굴 안색은 어쩐지 어둡고 지쳐 보이셨다. 아니나 다를까 할머니는 1년 전 위암수술을 받으신 상태였고, 그로 인해 몸의 모든 기운이 전과 같지 않은 데다 무엇보다 얼굴이 너무 꼴보기 싫어서 도저히 못 봐주겠다는 것이었다. 예전 건강할 때는 이따금씩 관리실에 다니면서 관리를 했는데 몸이 아프니 이렇게 얼굴까지 못나보이고, 동네 친구들까지 만나기 싫어진다는 것이다. 나는 할머니 얘기를 들으면서 이런 얘기를 어디에서 하실까 그래도 숍에 오신 게 다행이다 싶었고, 자식들에게 말하기는 조심스러운 내용이셨을 텐데 참 다행이다 생각했다. 몸이 건강하지 못하면 체내에 독소와 활성산소가 쌓인다. 활성산소는 우리의 피부를 칙칙하게 만든다. 나이도 많으신 데다 큰 수술까지 하셨으니 신진대사 또한 많이 무너졌을 터이다. 그래서 할머니의 얼굴 톤은 노화로 인한 색소 침착도 있지만, 피부 전체적으로 어둡고 칙칙할 수밖에 없었다. 할머니께 10년 전으로 돌아가는 케어는 할 수 없지만 수술도 잘하셨으니, 수술 전만큼으로 되돌아가도록 안색 개선을 도와드리겠다 약속하고, 일주일에 한 번씩 꾸준하게 방문하기로 약속했다. 얼굴 피부뿐 아니라, 기본적인 데콜테와 목 근육 이완도 도와 드리니 매주 올 때마다 행복한 표정이 여실히 드러났다. 내가 피부 케어 일을 좋아하는 이유 중 하나는 한 사람 한 사람의 인생스토리를 들을 수 있다는 것이다. 정말로 각자의 인생 어느 하나 고귀하지 않은 것이 없다는 것을 나는 이 일을 하며 배워가는데 할머니는 케어 동안 자신의 인생 이야기를 들려주셨다. 할머니는 젊어서부터 큰 고생은 하지 않으셨다고 한다. 결혼 후 할아버지가 벌어다 주는 월급으로 소소하게 가정을 꾸리며 사셨는데, 할아버지가 몇 해 전 먼저 돌아가셨다고 한다. 둘이 지내던 집이 너무 넓게 느껴지고, 자식들은 용돈을 보내주지만 출가하여 가정을 꾸려 사니 자주보기 어렵고 이따금씩 전화만 온다고 하셨다. 할머니의 말 속에 잔잔한 외로움이 묻어났다. 할아버지가 안 계시니 같이 음식 먹을 사람도 없고, 거르게 되니 아무래도 몸이 허약해질 수밖에 없었던 것 같다. 할머니는 케어가 끝난 뒤 항상 거울을 보셨는데 그 모습이 소녀같이 보기 좋았었다. 마음의 외로움은 얼굴에도 드러날 수밖에 없다. 피부 케어는 단순히 혈액 순환을 위한 마사지만은 아니다. 말벗이 되어주고 외로움을 채워줌으로써 얻는 보람도 굉장히 크다.

나이가 들면, 수분 이탈과 콜라겐 생성의 저하, 여성 호르몬 감소 등으로 인해 주름이 생길 수밖에 없다. 젊었을 때부터 꾸준한 관리를 해온다고 하더라도 폐경기의 여성들은 극심한 호르몬 변화를 겪기에 피부를 곱게 만들어주는 여성호르몬의 수치가 낮아지고, 상대적으로 남성호르몬은 높아진다. 그리고 남는 것은 늘어가는 주름뿐이다. 주름은 잔주름과 표정주름이 있는데 잔주름은 수분부족으로 인해 생기기 쉽다. 수분관리를 잘 해주면 잔주름 발생을 예방할 수 있다. 표정 주름은 얼굴의 근육을 쓰며 생기는 주름이다. 표정주름은 평상시 어떤 표정을 자주 쓰냐에 따라 깊어지고, 드러나게 되어 있다. 그래서 누웠을 때 얼굴을 보면 본인은 편안한 얼굴 상태라고 생각할지라도 얼굴에 힘이 안 빠지고, 많이 쓰는 표정주름은 힘을 빼더라도 자국이 남아 있다. 나는 결혼 3년차 새댁이다. 나는 밀레니얼 세대 중에서도 한국 사회의 고착화된 시월드 문화를 반사적으로 드러내는데, 다행히 우리 시부모님이 개방적이셔서 나를 자식처럼은 아니지만, 며느리가 아닌 개인의 한 사람으로 온전히 대해주신다. 우리 어머님은 시골에서 칠남매 중 가장 막내로 태어나셨는데 결혼을 하고부터 가정이 한번 기울면서 평생 일을 쉬어보신 적이 없었고, 맞벌이를 하면서도 매일 아침 끼니 거르는 일 없게 살뜰히 자식들을 살피는 분이셨다. 그것들이 고스란히 내 남편 얼굴에도 드러나는 것이 남편 얼굴을 처음 봤던 내 친구들은 하나같이 도련님 같다고 표현했었다.

나는 피부 숍을 운영하면서 자주는 못해드리지만, 가끔씩 어머님 피부 케어를 해드리고 있다. 처음 어머님 피부 케어를 할 때를 지금도 잊지 않는다. 평상시 수평으로 보던 이미지를 베드에 눕혀진 수직으로 보게 되면 눈에 띄지 않던 표정주름과 잔주름들이 선명하게 보인다. 우리 어머님 얼굴도 그랬다. 대한민국의 모든 어머니들은 다들 비슷할 것이다. 아마 자식 걱정, 남편 걱정에 본인 이름은 어느새 잊은 채 말이다. 우리 어머님은 엄청 꼼꼼하시고 섬세하시다. 그래서인지 특히 얼굴 미간 주름은 긴장을 푼 상태여도 깊이 새겨져 있어, 내가 본 많은 얼굴 중에서도 가장 깊었다. 미간 주름이 깊다는 것은 얼굴 찌푸릴 일이 많았을 수도 있지만, 무언가를 집중하거나 꼼꼼함이 요해질 때 쓰이는 이마 근육에 의해 자주 구겨지기도 한다. 일생 동안 미간 찌푸릴 일이 많았거나, 신경 써야 할 일이 많았다면 미간 주름이 남들보다 깊을 수 있다. 365일 우리는 매일 어떤 표정으로 사느냐에 따라 그것이 주름을 만들고, 얼굴에 드러난다. 보톡스를 주기적으로 맞아주는 것도 당장의 효과는 있지만, 중력에 반대되는 방향으로 얼굴을 쓰는 것이 가장 자연스러운 효과이다. 그럼 그 방법이 무엇일까? 그것은 많이 웃는 것이다. 많이 웃는 사람의 얼굴은 표정만 봐도 온화함이 묻어난다. 입꼬리는 웃고 있지 않아도 미소를 머금은 듯 살짝 올라가 있고, 많이 웃은 사람일수록 눈가 바깥쪽 주름이 눈에 띈다. 하지만 그 주름마저 중후한 느낌을 주거나 편안함을 안겨준다. 우리나라 최고 여가수 이효리를 눈웃음을 보고 흉하다고 말하는 사람이 누가 있던가? 주름 자체가 생기는 것은 누구나 피해갈 수 없다. 하지만 어떤 주름을 갖고 있는지가 중요하다. 많이 웃으면 얼굴 근육 수축과 이완 반복이 잘되어 피부 조직의 노폐물 배농도 잘 이루어진다. 배농이 잘되면 안색은 당연히 맑아지고 환해진다. 이렇듯 얼굴 톤과 주름의 모양은 한 사람의 심신 상태, 인생 여정을 드러내보인다. 젊은 시절에는 재생능력뿐 아니라, 풍부한 콜라겐 수분량으로 버티거나 티가 안 나지만, 재생능력이 떨어지고 노화가 진행될수록 여실히 드러나게 되어 있다. 보톡스는 근육의 움직임을 저지시키는 것이다. 그러니 주름은 없어질지언정 근육 수축을 억제해서 전체적인 표정 밸런스가 깨지고 그래서 부자연스럽게 보인다. 천연 보톡스는 웃음과 미소뿐이다.

젊었을 때 얼굴은 푸릇함에 다 예뻐 보인다. 또 수술과 시술의 힘으로 예뻐 보이게 만들 수도 있다. 하지만 아름다운 얼굴은 노력이 필요하다. 인생에서 매일 같이 웃을 일만 가득할 순 없다. 우리는 모두가 희노애락을 겪는다. 어떤 자는 안 좋은 추억에 머물고, 어떤 자는 좋은 추억을 남기려 하고 앞으로 나아간다. 무엇을 남기려 하고 어떤 것에 집중하느냐에 따라 인생의 마지막이 달라진다. 얼굴도 마찬가지다. 우리가 매일 얼굴의 표정 주름은 인생에 무엇을 담으려 했는지 고스란히 드러난다. 가장 좋은 천연 보톡스는 미소와 웃음이다. 미소와 웃음을 내뿜는 여성은 나이가 들수록 아름다움은 짙어진다.

In the end,

inner beauty is revealed on the outside.

A woman with a dream never grows old.

4장

×

애 쓰 지　 않 고
명 품　 피 부
되 는　 방 법

01

×

피부는 더하기보다
빼기가 중요하다

피부가 좋아지는 방법이 지금 만큼 넘쳐나는 세상도 없을 것이다. 나는 피부 코칭을 시작할 때 이해하기 쉽게 말하려 하는데, 그중에서도 나는 우리 피부가 예뻐 보이고 윤이 나는 건강한 고급스러움이 묻어나려면 일단 피부 자체가 건강해야 된다고 강조한다. 우리가 거주할 집을 고를 때 가장 중요한 것이 무엇이라고 생각하는가? 아파트에 외벽이 가 있고, 내부는 누수가 빈발하며, 층간소음을 탑재한 집과 실거주자들의 만족도가 높고, 튼튼한 구조물로 지어져 안전하고 쾌적한 집 중 어느 집을 고를 것인가? 두 번째 집을 당연히 고를 것이다. 그 다음 내부 인테리어는 따로 손보면 어느 집이든 개인 취향대로 충분히 꾸미기 나름이다. 하지만 건강하지 못한 집은 인테리어를 아무리 쏟아부어도 사는 내내 불편함이 끊이질 않을 것이다. 그리고 건강한 집을 골랐을지라도 사는 사람이 어떻게 관리하냐에 따라 집의 컨디션이 달라질 것이다. 피부도 마찬가지다. 피부 자체의 면역력이 좋고, 건강하게 유지된다면 사계절을 보내고, 해외 유럽을 다녀오고, 스트레스 받는 환경이 온다 하여도, 피부에 나타나는 증상이 덜할 것이다. 건강한 집의 조건은 골조가 튼튼하고, 적절한 일조량이 들어오고, 환기가 잘되는 집일 것이다. 이런 집은 유지관리만 잘 해줘도 오랫동안 머물기 좋은 집일 것이다. 피부도 피부 속이 튼튼하고 건강한 사람은 기본적인 유지관리만 해주어도 손쉽게 건강하고 좋은 피부를 유지할 수 있다. 다만 피부 속을 점진적으로 해칠 수 있는 습관들이 자리 잡고 있다면 아무리 좋은 것들을 쏟아부어도 밑 빠진 독에 물 붓기가 될 수 있다. 그렇기에 나쁜 습관을 고치는 것이 선행되어야 한다.

비대면 상담으로 인연이 된 젊은 여성분이 계셨다. 그분은 쇼핑몰을 운영하는 젊은 여성 CEO였고, 청소년기 때부터 여드름이 올라오는 유전적인 여드름 인자도 가지고 계신 상태였다. 게다가 직업 특성상 온라인 작업이 많고 일의 특성상 규칙적인 업무가 아닌, 몰아서 일하는 경우가 많았으며 그로 인한 스트레스로 인하여 피부는 열이 동반된 예민해진 상태로, 한 번씩 얼굴 전체가 뒤집어질 때면 가라앉기까지 시간이 오래 걸리는 상태였다. 비대면 특성상 피부를 만져볼 수 없는 점이 아쉬웠지만 최대한 그녀의 피부 히스토리와 현재의 습관 상태를 면밀히 살펴보기로 하였다. 그분은 온라인 쇼핑몰을 운영하는 여성답게 여러 제품들을 이미 접해본 상태였고 하루하루 피부컨디션 격차가 심하여 그날 피부컨디션에 맞는 홈케어 제품을 화장대에서 서너 가지 골라 바르는 상태였다. 화장대를 채우는 제품들의 조건은 여러 가지 저자극, 순한 여드름용 제품을 수집하여 고른 것들이었다. 매일매일 자신의 피부 상태를 면밀히 체크하여 맞을 만한 제품을 고른다는 것은 얼마큼 피부에 관심이 많았는지를 보여주는 모습이었다. 트러블이 올라오는 형태는 발진에 가까운 트러블 형태들이 많았고, 트러블이 나면 간지러움이 동반된다고 하였다. 본인은 지성 피부로 어렸을 때부터 일명 얼굴 기름이 너무 많았고, 속은 건조하지만 겉은 늘 유분이 충만하여 무엇보다 클렌징에 신경을 많이 쓰고 꼼꼼히 뽀드득 세안을 하는 상태였다.

클렌징 제품과 홈케어 제품 둘 다 잘 쓰면 약이지만, 과하게 쓰면 독이 될 수 있다. 물론 하나하나의 각기 다른 화장품으로 보자면 안전한 함량 기준치가 적용되기에 큰 문제는 없다. 하지만 각각에 화장품마다 겹치는 성분들이 있을 수 있고 화장품에는 각종 계면활성제가 필수적으로 들어가는데 너무 많이 사용하게 되면 절대적인 합은 커질 수밖에 없고 그대로 피부에 부담을 주게 된다. 또 지성 피부라고 생각하여 얼굴의 기름을 모조리 뽑아버리겠다는 마음으로 클렌징에 임하면 안 된다. 오히려 빨갛게 자주 올라오고, 간지러움증이 동반될수록 클렌징에 힘을 빼야 한다. 과도한 클렌징은 피부의 산성막을 과하게 제거할 수 있고 그로 인해 피부를 건조하게 만든다. 우리의 피부 속에는 천연 보습 인자들이 있다. 이런 천연 보습인자는 어떠한 외부 화장품들보다 귀하다. 나는 딱 2가지 솔루션을 제공했다. 가지고 있는 화장품의 종류 중에서 토너와 크림만 적용하고, 한 가지는 피부를 진정시켜주는 성분과 히알루론산이 들어가 있는 앰플로 투입하여 매일매일 딱 3가지만 바르는 것, 또 다른 하나는 아침에 거품 클렌징을 하지 않는 것이었다. 아침에 어떻게 물로만 세안을 할 수 있냐며 찜찜하다던 그분은 한 달만 눈을 감고 따르기로 했다. 그리고 한 달 뒤, 그녀에게 연락이 왔다. 장문의 연락이었는데 사진도 같이 보내왔다. 사진 속에는 3단 트레이 가득 화장품이 진열되어 있었고 이제 이것들은 필요 없어졌다며 피부가 너무 좋아지고 편해졌다는 것이다. 사실 숍에 방문하여 케어 받는 고객들은 주기적인 방문을 통해 코칭이 잘 되지만 비대면 고객은 처음 코칭을 한다 하여도 꾸준한 실행력이 따라오는 것은 한계가 있다. 그래서인지 이런 후기는 나에게 감동이 아닐 수 없었다. 그녀는 투입된 앰플을 극찬하셨지만 사실 투입된 앰플은 보조역할일뿐, 세안을 교정하게 됨으로써 자신의 가진 피부 보습인자와 수분을 지켜낸 것이 피부를 건강하게 만든 관건이었다. 청소년기 여드름은 대부분 피지과다로 인한 여드름이 많다. 그래서 기름을 제거하면 여드름이 덜 나는 현상이 나타나는데, 성인에게 적용하면 오히려 피부의 수분손실만 초래하기 쉽다. 성인이 되어서는 청소년기만큼 피지가 활발하지 않다. 그런데도 클렌징에 집착하는 이유는 오래된 습관이기 때문이다. 똑같은 비법을 알려줘도 피드백은 천차만별이다. 거기다 오래된 습관과 관념을 바꾸는 것은 굉장히 힘든 일이다. 아마 그녀는 비대면임에도 불구하고 열심히 따라왔다. 그녀는 앞으로 피부도 빛날 뿐만 아니라, 사업도 분명 승승장구할 것이라 믿는다.

피부 관리 일을 하면서 피부는 정말 사람 성격만큼 다양하고 하늘 아래 같은 피부가 없다는 것을 많이 느낀다. 그리고 젊은 시절 혹은 청소년기에 모공 하나 거슬리지 않던 사람일수록 성인이 되어 갑작스러운 여드름이나 트러블이 났을 경우, 더 예민하게 반응되고 심리적 스트레스를 더 받는 경향이 있다. 나는 약지성 피부에 프로 예민러 홍조피부를 가졌다. 어렸을 때는 얇은 피부 때문에 일명 촌년병으로 불리는 새빨간 볼을 달고 다녀 창피했지만, 얇은 피부는 사계절을 제대로 느끼게 해주고 모세혈관도 잘 보였지만 그 덕에 피지 배출이 원활했고, 여드름이 많이 나지는 않았다. 오히려 나는 홍조 증상이 완화되니 나의 지성 피부는 피지를 적절히 내주어 보호막 역할로, 조명 켠 듯 반짝반짝 빛나는 광이 나는 피부가 되게 해주었다. 그러던 중 20대 중반 나는 이마에 좁쌀 여드름이 눈에 띄기 시작했다. 지성 피부라 아침에 머리를 감아도 늘 저녁에는 미역줄기처럼 머리가 변했는데 특히 나는 특히 두피에 기름이 잘 형성됐다. 정수리 냄새도 비례적으로 고약해졌다. 한두 개 나던 좁쌀은 압출한다고 나오는 것들이 아니었다. 질환명은 지루성 두피염이었다.

　지루성 두피염은 두피에 기름이 많고 그로 인해 피부에 염이 발생되는 형태이다. 원인은 정확히 알 수 없다고 한다. 기름 피지선이 많은 곳에 빈발하게 되는데 나는 두피에 생긴 것이고, 그것은 곧 나의 이마를 좁쌀로 뒤덮이게 해주었다. 날이 갈수록 퍼지는 오톨도톨 이마를 뒤집은 면포들이 소름끼치도록 싫었고 무서웠다. 피부과에 가서 연고를 처방 받았지만 도무지 나아질 기미는 보이지 않았고, 나는 유일하게 두피와 매일 닿는 샴푸를 의심하기 시작했다. 나는 합성계면활성제가 다량 들어가 있는 액상 샴푸가 아닌, 천연계면활성제가 함유된 샴푸들을 골라내기 시작했다. 사실 그 질환이 오기 전까지 샴푸에는 딱히 신경 쓰고 살지 않았었다. 좋다는 샴푸는 다 써봤고, 저녁 드라이도 꼼꼼히 했지만 2~3일 좋아지는가 싶더니 다시 또 간질간질 트러블이 올라왔다. 나는 그때 샴푸와 계면활성제의 박사가 되었다. 시중에 좋다는 고가의 샴푸는 다 써보았던 것 같다. 하지만 가격과 만족도는 꼭 비례하지만은 않다. 액상 샴푸는 쉽게 거품이 나게 만들고 액상을 유지하기 위한 방부제와 유화제가 많이 들어갈 수밖에 없다. 나같이 예민한 두피는 자극될 수 있어 나는 고체 샴푸바로 써보기로 했다. 처음에는 천연 샴푸바 특유의 마댓자루같은 뻑뻑함이 너무 불편했다. 그런데 이게 무슨 일인가 2~3일이 지나도 그 녀석

(면포들)이 나타나지 않았다. 나타나기는커녕 쓰면 쓸수록 두피는 뽀송해지고 오후만 되면 나타나는 간지러움이 사라졌다. 이마는 다시 매끈하게 빛나기 시작했다. 나는 이때의 경험을 토대로 이마에 가려움이 동반된 트러블이 갑자기 난다거나, 지루성 두피염으로 진단받은 고객들에게 무조건적으로 샴푸 교체를 추천한다. 물론 샴푸 교체가 정답만이 아닐 수 있다. 하지만 두피에서 시작한 문제가 이마로 이어지는 경우가 꽤나 많다. 대체적으로 이런 분들은 두피에 열도 동반되어 있었다. 시중 샴푸 아무것이나 써도 문제가 되지 않는다면 제품 변경이 필요 없지만 혹시 비슷한 경우가 있다면 샴푸부터 점검하길 바란다. 사용하고 있는 샴푸 뒷면에 특히 설페이트 종류의 계면활성제가 포함되어 있다면 교체를 권장한다. 우리는 의외로 매일 닿고 매일 쓰는 제품들에 의해 피부가 상하는 경우가 많다. 액상 샴푸에는 사용하기에 적합한 농도를 만들기 위해 정제수를 첨가하고, 부드러운 촉감을 주기 위해 고르게 도포되지만 고체 샴푸에 비해 영양이 희석된 채로 존재한다. 또한 액상 상태의 품질 변질과 부패를 막기 위해 방부제를 첨가하거나, 풍부한 거품을 일으킬 수 있도록 화학 성분인 계면활성제를 더하기도 하는데 예민한 두피의 경우 자극이 될 수 있다. 두피 클렌저 교체로 나는 지금까지 몇 년간 플라스틱 통에 든 액상 샴푸를 쓰지 않고 있다. 두피 건강은 물론 플라스틱 배출까지 막아 지구를 위한 작은 실천까지 가능하니 일석이조다.

이렇듯 두 사례만 보아도, 무엇을 덧붙이기보다 빼고, 교체만 하더라도 피부가 좋아질 수 있다. 사람들은 피부 좋아지는 방법에만 집중하지만 피부 나빠지는 습관만 하지 않더라도 충분히 좋아질 수 있다. 앞서 말했듯 우리의 피부는 집과 비슷하다. 집의 일조량, 환기, 청결이 잘 유지되어 있다면 테이블에 꽃 한 송이만 들여놔도 멋이 묻어난다. 하지만 그 집의 기본이 엉망이면 몇백만 원짜리 소품을 갖다 놔도 다이소 소품보다도 못해 보인다. 집의 주인은 당신이다. 그 집이 엉망이면 무엇을 사들이기보다 현재 집 상태가 무엇이 문제인지 집의 기본적인 기능에 무슨 잘못된 문제가 있거나, 지나치게 많은 물건으로 과부하가 걸리지는 않았는지 점검해보길 바란다. 피부는 더하기보다 빼기가 먼저다.

02

×

피부 관리에도
우선순위가 있다

요즘 외부활동이 원활하지 못하니, 너도나도 집 꾸미기와 인테리어에 관심이 많다. 여행은 못 가고 집안에서 생활하는 시간이 많다 보니, 쾌적하고 색다른 공간을 연출해 매일매일 가까운 곳에서 만족감을 느끼기 위함이다. 나도 인테리어 소품에 관심이 많아서 리빙 숍이나 백화점 가구 코너를 그냥 지나치지 못한다. 어떤 것은 사고 나서 집과 어울리지 않아 후회도 해봤고, 어떤 것은 기대 이상으로 오래 쓰고 있기도 하다. 처음엔 실패 경험이 더 많았다. 소품만 보고 그 소품 숍의 전체 분위기를 따지지 않은 탓이다. 리빙 숍을 둘러보면 사실, 소품이 예쁜 것도 있지만 조명과 바닥, 천장, 벽 자재의 몫이 8할 이상이다. 아무 것이나 갖다 놔도 다 예뼈 보이게 만드는 그런 공간은 밑바탕이 좋기 때문인 것이다. 그래서 리빙 숍에서 봤을 때는 너무 예쁘고 사고 싶었지만 집에 들여놓으면 뭔가 다르고, 그 느낌이 나지 않는 것이다. 피부도 마찬가지로 리빙 숍의 조명 기본 자재가 잘 세팅되어 있듯이 피부 질이 좋고 바탕이 잘 되어 있으면, 크게 신경 써서 덕지덕지 바르지 않아도 큰 문제가 없고, 어떤 메이크업을 해도 빛이 난다. 피부 기본 질 바탕을 세우는 것은 어렵지 않지만, 쉽지만은 않다. 미술관처럼 여백의 미가 있는 공간은 무엇을 갖다 놔도 작품으로 보이지만, 여백의 미를 지킨다는 것은 불필요한 것들을 제거하는 것에서 시작된다.

피부에 트러블이 자주 나는 사람들의 공통적인 특징 중 하나는 열감을 동반하고 있다는 것이다. 피부 속에서 열이 많으니 피부 수분 증발은 물론이고, 자극에 예민해지고 이런 피부들은 탄력까지 무너지기 쉽다. 보통 얼굴에 열이 많은 사람들은 본인들이 자각을 하고 있는 경우가 많다. 그런데도 트러블이 나니, 신경 쓰게 되어 자꾸 손으로 만지는 습관을 가지게 된다. 피부에 열감이 많은 것은, 마치 단감의 표면이 정상 상태라면 충분히 익은 홍시가 열감 많은 피부로 표현될 수 있다. 홍시는 속이 익을 대로 익어 조금만 건드려도 겉껍질이 툭 하고 찢기지 않던가? 열감 많은 피부는 그래서 정상 피부보다 자극받지 않도록 더 조심히 다뤄야 한다. 하지만 외려 반대로 가만두지 못하는 케이스들을 많이 보았다. 피부 속

열은 만성적인 경우가 많아 단기간에 싸이클을 바꾸기는 어렵다. 그래도 아무 것도 하지 않는 것보다 열의 순환을 도와줄 수 있는 방법을 꾸준하게 해나간다면 개선에 도움이 된다. 나는 숍에 내소하는 고객들을 일대일로 코칭해주고 있다. 소수정예로 받는 이유는 이들의 생활 코칭도 면밀히 들어가야 하기 때문이다. 그래서 숍에 오지 않는 날에도 생활 코칭이 들어간다. 그리고 단계별로 숙제를 내주고, 피부 악순환의 고리를 끊게 만든다. 열이 많은 피부의 경우 여러 가지 유형이 있지만 그중에서 가장 개선되기 힘든 케이스는 평상시 스트레스에 많이 노출되어 있는 경우다. 이런 경우 수험생이거나, 직장 문제로 힘들어하는 사람 등인데, 각자의 환경에 의한 스트레스는 상체와 얼굴에 열을 발생 시키고 심하면 화병까지 이르게 되기도 한다. 이런 경우는 자율신경계가 예민할 수 있으니, 케어 시 섬세하게 심신을 안정과 이완을 느끼게 해드릴 필요가 있다. 내부적인 열 발생도 있지만, 악화시키는 요인도 만만치 않다. 본인이 예민 홍조 피부인 걸 알면서도, 자꾸 피부를 더 손상시키는 방법으로 홈케어를 하는 경우를 많이 보았다. 이런 유형은 본인의 습관에 의해 악화되었기에 스트레스 유형보다 빨리 개선될 장점이 있다.

내 오래된 친구 한 명은 어렸을 때부터 나와 같이 촌년병(홍조증상)을 가지고 있었고, 나는 지금 많이 개선되고 좋아졌지만, 그 친구는 부모님이 지성 피부 여드름 가족력이 강하여 이 친구는 홍조뿐 아니라, 여드름으로 인해 청소년기 내내 피부로 스트레스 받을 일이 많았다. 보통 여드름이 많다는 것은 청결하지 못하기 때문이라는 잘못된 인식이 있는데, 여드름 피부는 유전력에 의해 피지선이 발달하여 피지량이 많은 것이지, 피부 속이 남들보다 더러워서 생기는 질환이 아니다. 그런데도 보이는 피부가 깨끗하지 못하니 클렌징을 꼼꼼하게 하게 된다. 이 친구는 성격도 꼼꼼해서 클렌징도 당연히 꼼꼼하게 했을 뿐 아니라, 화장 솜에 토너를 묻혀 닦는 일명 '닦토'도 매일 빼먹지 않았으며, 피부만큼은 투자를 아끼지 않아서 백화점 브랜드의 유명한 화장품은 항상 떨어지지 않게 화장대를 메우고 있었다. 피부에 항상 열이 있고 예민하니, 안 맞는 화장품이 있으면 간지럽거나 트러블로 올라오기에 맞는 화장품이 있으면 몇 년이고 고집하여 쓰는 타입이었다. 그런데도 열감뿐만 아니라, 피부 예민도는 그대로였다. 그저 더 이상의 무너짐을 방지하고자 바를 뿐이었다. 내가 아무리 맞는 말을 하여도 가까운 지인이나 가족을 설득하는 것은 쉽지 않다. 나는 친구의 잘못된 습관을 알고 있었다. 10년 이상 된 친구이니 함께 여행갈 일이 많았다. 그 친구A와 다른 친구B까지 우리 셋은 결혼 전 종종 여행을 갔었는데, B친구와 나는 샤워시간이 10분 내로 아주 짧았다. 그리고 다음날 B친구와 나는 물로만 세안하고 스킨케어도 A친구 것을 빌려 쓰기 일쑤였다. 하지만 A친구는 30분 정도를 목욕 같은 샤워를 하고 나왔다. 그 친구가 나오면 욕실 안은 안개로 뿌옇게 변해 있었다. 그 친구는 항상 뜨끈뜨끈하게 지지는 것을 좋아했다. 그런데도 대충

씻은 B친구의 피부가 더 광이 났다. 무엇이 문제였을까? 모두 예상하고 있을 것이다. 너무 꼼꼼히 씻고, 고열로 365일 피부를 혹사당하게 하니, 당연히 피부가 예민할 수밖에 없던 것이다. 그럼 이 친구는 열감과 예민도를 낮추기 위해 무엇을 해야 할까? 기능성 화장품을 바르고, 보습을 먼저하는 게 답일까? 피부를 예민하게 만드는 샤워 습관을 고치는 것이 먼저일까? 샤워 습관을 고치는 게 당연히 먼저 해야 할 일이다. 우리 피부 속의 천연 보습 인자 NMF나 수분 유지기능을 담당하고 있는 천연 피지막이나 세포간지질의 역할은 피부 보호 측면에서 중요하다. 하지만 화학적 자극(클렌징폼)과 더불어 고열샤워(열에 의한 자극)는 피부를 가만 두지 않겠다는 의지인 것이다. 이런 습관을 매일 반복하면 그 어떤 고가의 화장품을 발라도 소용이 없다. 나는 이 친구에게 특명을 내렸다. 미온수로만 씻어야 되며 샤워와 얼굴 클렌징 포함 10분 안에 다 마치고 욕실에서 나오라는 것이다. 그리고 더불어 다음날 아침에 꼼꼼히 하던 폼클렌징 세안도 하지 마라고 했다. 꼼꼼하고 청결한 그 친구는 처음엔 멘붕 상태였다. 그 친구에게 일과 중 뜨끈한 샤워는 포기할 수 없는 힐링 요소였기 때문이다. 하지만 그 친구는 내 말을 따라주었고, 지금까지 잘 지켜오고 있다. 가끔씩 뜨끈한 물로 지질 때도 있지만 화장솜으로 닦아내는 습관도 하지 않고 있으며 아침 물 세안만큼은 절대적으로 지키고 있다. 지금은 예전보다는 열감이 훨씬 줄어든 편안한 상태이다. 미술관처럼 피부 생활에도 여백의 미가 필요하다. 내 친구처럼 너무 꼼꼼하게 클렌징

하고, 고온 샤워를 즐긴다면 오늘부터 당장 습관 바꾸기를 실행해보아라. 단 하루만 실행하는 것이 아닌, 최소 2주 이상 실행해야 한다.

여드름과 트러블은 고민이지만, 술을 못 끊는 분들이 꽤 있다. 나도 애주가다. 하지만 피부나 몸이 보내는 신호를 항상 파악하여 필요할 때만 먹는다. 과부하가 걸리면 절대 술을 먹지 않는다. 우리의 몸 피부는 신체 장기 중 가장 큰 면적을 차지한다. 우리의 몸을 구성하는 가장 작은 단위는 세포다. 피부는 상피세포로 이루어진 장기이다. 우리가 먹는 모든 것들은 소화기관을 통해 분해되고, 혈액을 통해 각 세포로 영양분들이 공급된다. 그래서 피부 또한 염증이 잘 일어나면 음주, 흡연, 식습관 개선을 체크할 필요가 있다. 이마 여드름으로 인해 꾸준한 케어를 받는 분이 계셨다. 좋아지는 듯하더니, 또 트러블이 올라오고, 반복하기 일쑤였다. 고객의 모든 일거수일투족을 처음부터 아는 것은 어렵다. 어쩌다 요거트 얘기가 나왔는데 알고 보니 이분은 그릭요거트와 초콜릿 등을 매일 꾸준히 섭취하는 중이었다. 그릭요거트는 시중에 파는 요거트보다 나트륨 함량이 덜하고 첨가물이 안 들어간 건강식품으로 인기를 끌고 있다. 맛 또한 훌륭해서 젊은 여성들에게 인기다. 이분도 디저트와 간식을 워낙 좋아하시는데 그릭요거트를 몇 개월째 매일매일 회사에서 먹고 계셨던 것이다. 그릭요거트가 건강식품은 맞지만 100% 우유에 가깝다. 우유는 소에 젖으로부터 온다. 소의 젖에는 아기 소를 위한 여러 유전인자와 면역물질을 갖고 있다. 그중 여러 에스트로겐, 프로게스테론, 안드로겐 전구 물질을 함유하고 있고, 이 중 일부가 면포생성을 유발한다고 보여진다고 한다. 발효의 과정 중에서 많은 양의 테스토스테론의 생성을 가져오기도 하며, 모피지선 단위에 작용하는 여러 활성 분자들을 함유하고 있다. 면포가 잘 생성될 수 있다는 건 모공 입구가 막힐 우려가 있다는 것이고 테스토스테론의 분비는 피지선 증가를 일으킨다. 물론 그 정도가 심각하였다면 그릭요거트나 우유를 먹는 모든 사람들이 여드름에 시달려야 했을 것이다. 하지만 여드름에 취약한 피부기질을 가지고 있는 사람이라면 저해 요소를 제거하는 것이 중요하다. 이분은 그릭요거트를 끊기 시작했고, 더불어 매일 먹던 초콜릿과 간식들을 줄여나가고 있다. 초콜릿이나 탄산음료는 그야말로 트러블 피부에 쥐약이다. GI지수가 높은 음식이거나, 가공된 당류는 체내 흡수율도 빠를뿐더러 체내 인슐린 분비를 자극한다. 인슐린은 안드로겐 호르몬을 더 활동적으로 만들고, 인슐린 유사 성장 인자-1(IGF-1)을 증가시킨다. 이에 피부 세포가 더 빠르게 성장해 피지 생성을 촉진하고 여드름 발달을 유발한다.

피부가 좋아지려면 이처럼 사람마다 실행해야 할 우선순위가 다르다. 어떤 사람은 목욕 습관이, 어떤 사람은 무의식적으로 매일 먹던 식습관이 취약점이 될 수 있다. 피부에 좋지 않은 습관들을 나열해보면 수도 없이 많을 것이다. 그것들을 모두 하지 않고 살 수는 없다. 다만 본인의 피부에 이상반응이 나타나거나, 지속적인 여드름 혹은 트러블로 고통 받고 있다면 단순히 화장품을 바꾸거나 병원에 먼저 가기보다, 자신의 습관을 되돌아보고 하나씩 수정해보는 것을 추천한다. 백 마디의 말보다 한 번의 실천이 중요하다. 누구에게나 성공하는 법을 알려주지만 모두가 성공할 수 없는 이유는 알고 있어도 하지 않기 때문이다. 지금 당장 피부 개선을 위해 실천에 옮길 우선순위 생활 습관을 적어보자.

03

×

20~30대 잠만 잘 자도
피부가 좋아진다

사람은 일생 동안 약 평균 26년을 잠을 자는 시간으로 쓴다고 한다. "잠이 보약이다."라는 말을 무수히 많이 들어보았을 것이다. 신생아의 경우 하루 대부분을 수면으로 시간을 보내며 하루가 다르게 성장한다. 미국수면재단에 따르면, 신생아의 평균 수면시간은 14~17시간, 유아 12~15시간, 미취학 아동 10~13시간, 취학 아동 9~11시간, 10대 8~10시간, 성인 7~9시간, 65세 이상 노인 7~8시간이 권고되는 것으로 나타났다. 연령대마다 권장되는 수면의 시간이 다르다. 어린아이들은 성장기의 시기에 면역계과 신경계 신체 내부의 시스템들이 갖춰나가는 시기이므로 이때 얼마나 좋은 수면을 취했는지에 따라 성장호르몬의 분비와 뼈의 성장에 직접적으로 영향을 미치기 때문에 매우 중요하다. 그렇다면 성장이 다 끝난 성인에게 수면은 왜 중요한 걸까? 우리 인간이라는 동물이 하루하루 살아간다는 것은, 에너지 공급을 받고(영양소 섭취), 에너지를 소비해나가는(신체 활동) 일련의 활동을 반복적으로 해나가는 것이라고 볼 수 있다. 이러한 것을 신체의 대사활동이라고 일컫는데, 신체의 대사 활동 중 수면시간은 우리의 신체가 먹고 소비하고 되풀이했던 여러 시스템들을 정비하는 시간이다. 보통 성장호르몬이 발육의 시기인 아이들에게만 분비된다고 착각할 수 있지만, 2차 성장이 끝난 후 성인에게도 미약하지만 성장호르몬이 분비된다. 성인 이후에 분비되는 성장호르몬은 콜라겐 생성은 물론 지방분해, 근골격 강화에 도움을 준다. 수면을 이루는 동안 성장호르몬뿐 아니라, 멜라토닌이라는 호르몬이 분비되면서 하루 동안 대사활동을 치르고 남은 찌꺼기이자, 노화의 주된 범인 활성산소가 제거된다. 그래서 잠이 보약이라는 말이 나온 것이다.

젊은 고객층이 많은 나의 숍은 보통 20대 대학생들의 비중도 꽤 있다. 그중 인상 깊었던 분이 한 분 있다. 2020년 코로나시기에 신입생이 된 안타까운 20학번 대학 새내기였던 이분은 유존의 모공이 잘 보이지 않는 매끄러운 피부를 가지신 건성 피부 타입의 여성분이셨다. 이 고객님의 케어 습관이나, 홈케어 방법이 잘못된 부분이 눈에 띄게 보이지 않았다. 이분은 코로나가 있기 전에는 피부에 여드름이 빈번하게 나지 않았으며,

아무래도 마스크 때문에 트러블이 올라오는 것 같다고 말씀하셨다. 한참 마스크 트러블로 난리였던 터라 그렇게 생각할 만도 했다. 하지만 얘기를 들어 보니 문제는 마스크가 아닌 다른 것에 있었다. 이 고객님은 코로나가 아니었더라면 신입생으로 규칙적인 학교 생활을 했겠지만, 온라인 강의로 전환되고 학교에 갈 일이 없으니 입시생으로 바빴던 일상에 갑작스런 시간 여유가 생겼고, 그 시간들 중 알바를 뺀 나머지의 시간동안 반백수가 되어버리니, 생활 패턴이 깨지고 잠을 자는 습관이 엉망이 된 것이었다. 보통 잠드는 시간이 새벽 5시 이후였으니 밤낮이 바뀐 올빼미족이 되어버린 것이다. 한창 푸릇한 나이 스무 살의 젊은이가 코로나로 인해 친구들도 못 만나고, 잉여시간이 많으니 그렇게 될 만도 했다.

나는 당장 수면패턴 고치는 것부터 지시했다. 비교적 젊으신 분들은 기본적인 신체 리듬만 잘 지켜도 피부가 개선되는 것을 나는 많이 보았다. 나는 3종 콤보를 자주 얘기한다. 잘 자고 잘 먹고 잘 싸기만 해도 피부의 반은 좋아진다고 말이다. 나이 들수록 신체 재생 능력이 떨어져 노화 피부들은 3종 콤보로는 현상 유지일 수 있지만 20대 한창인 분들은 가능성이 많다. 특히 저녁 10시~새벽 2시까지의 시간에는 성장호르몬이 가장 많이 분비되는 시기이므로 기왕이면 이 시간에 잠을 자는 것이 효율적이다. 앞서 말했듯 성인에게 성장호르몬은 콜라겐과 인대 재생, 근력 향상, 지방분해까지 촉진시킨다. 이분은 수면 코칭을 메인으로 습관 교정이 들어갔고, 예민하고 빨갛게 올라오던 홍조피부가 편해졌다. 이분은 알레르기성 만성비염과 과민성 대장증후군을 함께 가지고 있어, 컨디션 난조에 의한 트러블은 지속적으로 올라오는 형태였다. 타고난 알레르기성 피부 유형일수록 기본적인 수면, 대장관리가 중요하다. 대장은 우리 몸의 필요한 면역세포를 80%나 만들어주는 중요한 기관이다. 이 고객님뿐 아니라 오래 앉은 상태로 근무하는 젊은 여성 직장인들도 대장관리는 중요하다. 생활 습관 교정으로 이 고객님은 처음 내소 당시 피부보다 편한 피부가 되었다. 피부는 단기관리가 아니기에 장기적인 본인의 컨디션 관리가 중요하다는 것을 인지시켜 드렸다.

잠을 잘 못자거나, 몸의 대사 상태가 좋지 않으면 공통적으로 보이는 피부 특징이 있다. 피부톤이 각질이 가득 쌓여 누렇게 보이고, 목 상태는 림프절마다 꽉 막혀 있다. 림프절은 림프관이 밀집되어 있는 곳을 뜻하는데, 이곳에서 외부 병원균과 죽은 세포를 제거하는 백혈구 대식세포가 존재한다. 얼굴에서는 주로 귀 주변, 아래턱 주변에 밀집되어 있다. 림프관은 우리 몸의 세포와 조직들 사이의 찌꺼기들을 운반해주는 하수관 역할을 해주는 중요한 기관이다.

혈액 순환이 원활하지 않으면 림프관도 막히게 되어 잘 붓는 체질이 될 수 있다. 나도 마찬가지이지만 특히 요즘 여성들은 오래 앉아 있는 시간이 많다. 거북목 증상은 얼굴의 혈액 순환뿐 아니라, 림프 배농에도 안 좋은 구조이다. 림프관은 혈관보다 더 섬세하고 얇다. 피부숍을 다니면 이러한 림프를 자극시켜주기 때문에 피부 안색이 좋아질 수밖에 없다. 하지만 일주일에 한번 고작 얼굴부분 림프를 자극해준다고 한들, 나머지 시간 동안 본인의 노력이 없다면 피부숍에 오는 기간만 반짝 좋을 수밖에 없다. 그래서 나는 거의 모든 회원들에게 순환을 돕기 위한 자가 솔루션을 몇 개씩 드린다.

그 중 첫 번째는, 반신욕이다. 반신욕은 피부에도 좋지만 관절과 근육을 이완시켜 조직 사이의 염증을 완화해준다. 반신욕이라 함은, 몸의 절반만을 따뜻한 물에 담근다는 뜻이다. 반신욕이라 하면 목욕탕에 절절 끓는 온도를 떠오르기 마련인데 적정온도는 38도~40도 정도이다. 적정 시간은 20분~30분이다. 너무 뜨거운 물 온도는 피부를 오히려 자극하게 되고 무엇보다 몸속 수분 증발이 과도해질 수 있다. 반신욕의 나라 핀란드에서도 우리나라 목욕탕처럼 절대 뜨겁게 하지 않는다. 물의 높이는 배꼽을 넘지 않게 하여 하반신만 담그는 것이다. 하반신만 담그는 이유는 상체와 하체의 온도 균형을 맞추기 위함이다. 습식이 맞지 않는 나도 반신욕을 즐겨하는 이유는 상반신까지 담그는 습식은 숨이 막혀 오지만, 반신욕은 그런 증상이 거의 없기 때문이다. 상체와 얼굴에 열이 많은 사람이라면 반신욕을 하면 열의 균형을 맞추는 데 도움이 된다. 기왕이면 미네

랄과 천연솔트가 들어가 있는 입욕제도 사용하면 금상첨화이다. 좋은 아로마 향을 맡으면 후각까지 즐거워지고 프라이빗한 나의 힐링시간이 된다. 만약 피부가 많이 건조하다면, 버블 타입의 입욕제를 사용하지 않는 편이 낫다.

두 번째는 잠들기 전 폼롤러 사용이다. 내가 병원에 근무했을 당시만 해도 폼롤러라 하면 알아듣지 못하거나 무엇인지 모르는 사람들이 대부분이었다. 하지만 지금은 헬스나 필라테스를 통하여 많이 접하여 일반인들도 많이들 하고 있다. 폼롤러는 운동을 한 뒤에 사용하면 근육을 사용하며 생긴 염증을 제거해주고 근육을 마사지해주어 운동으로 인한 피로도를 낮춰준다. 폼롤러를 사용해본 사람들은 알겠지만 몸속 근막에 염증이 많으면 갖다 대기만 해도 통증이 밀려온다. 하지만 반복적으로 근육과 근막을 풀어주면 시간이 지날수록 통증은 줄어든다. 자기 전 허리, 엉덩이, 허벅지 등을 폼롤러로 풀어주면 숙면에도 도움이 된다.

마지막 세 번째로, 얼굴에 분포되어 있는 림프절들을 세안 시 자극해주는 것이다. 최근에는 미용괄사를 사용하시는 분들도 많지만, 나는 괄사보다는 본인 손을 추천한다. 얼굴에 분포되어 있는 림프절은 그림A 와 같다. 방향은 화살표 방향으로 순서대로 이행해주면 된다. 500원 짜리 동전 크기로 작은 원을 그려나가듯 롤링해주면 효과가 좋다.

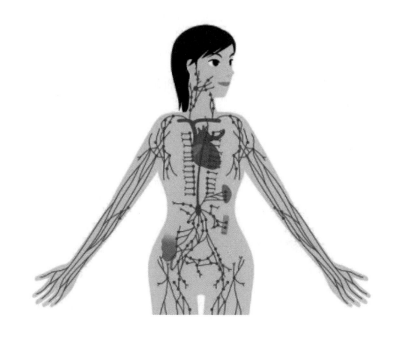

그림 A – 림프절

그림 B – 얼굴마사지

클렌징 세안 후, 귀와 목, 쇄골 부근의 존재하는 림프절만 자극해줘도 매일매일 쌓이는 독소 배출이 원활해지면서 안색은 물론 얼굴 붓기가 감소된다. 반복할수록 턱 라인이 정리되며 작은 노력으로 얼굴이 작아지는 효과를 볼 수 있다. 무엇이든 생소한 것들을 부딪칠 때 용암이 흘러나온다. 우리의 피부는 몸을 이루는 하나의 부속 기관이다. 우리가 먹고 자고 하는 일상의 모든 것들에서 영향을 받을 수밖에 없다.

아름다움은 건강함에서 시작되는 것이다. 피부는 몸속 내장을 보여주는 거울과도 같다. 세 살 버릇 여든까지 가듯, 젊을 때 잘 들인 버릇들이 동안의 길을 가게 해준다. 특히나 좋은 수면은 우리 몸의 재생을 활발하게 만들어주고, 수면 시 분비되는 멜라토닌 호르몬은 스트레스 호르몬의 생산을 방해하는데 수면시간이 짧아지면 멜라토닌 생산량이 적어지고, 결과적으로 피부 기능이 손상될 수 있다. 20~30대 젊은이들이여, 트러블과 이별하고 싶다면 웹서핑과 유튜브를 잠시 꺼두고 '좋은 숙면 취하기'로 피부에게 휴식 시간을 양보하자.

나는 샤넬백 대신 피부에 투자한다

04

×

피부미인이 되고 싶다면
당장 클렌징부터 바꿔라

첫 단추를 잘 꿰어야 한다는 말이 있다. 피부 관리의 시작이자 가장 중요한 부분의 첫 단추는 클렌징 단계다. 나는 피부 상담과 케어를 하며 느낀 가장 큰 쇼크는 우리나라 여성들은 엄청나게 깨끗하다는 것이다. 특히나 얼굴 세안만큼은 너도나도 솜털 세안부터 이중 세안 진동 클렌저 사용까지 그것으로도 모자라 집에서 코 피지 제거기까지 사용하는 등 모공을 가만두지 않는다. 아마도 우리가 어렸을 적, 부모님 손을 잡고 매주 갔던 목욕탕 문화의 영향이 컸을 거라 생각한다. 우리가 어렸을 때부터 써온 이태리타올이 있지만, 정작 이태리 사람들은 금시초문이다. 우리가 벗기는 때의 존재는 표피의 각질층이다. 각질층은 핵이 없는 죽은 세포이지만 우리 피부의 보호막 역할을 해준다. 피부 보호 기능으로는 땀과 피지가 섞인 산성 피지막으로 보호가 되지만 피부의 가장 최전방 각질층은 피지막과 더불어 죽어서도 외부 병원균과 자극으로부터 보호해주는 최전방 보초병과 같다. 나이가 들수록 각질층이 두꺼워져 적절한 필링이 필요하긴 하지만, 피부가 약하거나 너무 어렸을 때부터 때 미는 습관을 주기적으로 하다 보면 각질이 쉽게 더 잘 쌓이는 피부로 패턴화된다. 게다가 목욕탕 안은 고온 열기로 가득하기 때문에 열감까지 더해져 피부에 좋지 않다. 현대인들이 과거보다 예민 피부가 많아진 것도 아마 클렌징이 한몫했을 거라고 나는 생각한다.

클렌징에 관한 많은 사례가 있지만, 그중에서도 잊지 못하는 몇몇 분들이 있다. 한번은 출산한 지 얼마 안 된 30대 중반 초보맘이 예약을 하고 오셨다. 우리 숍은 원활한 상담을 위해 사전에 필요한 피부 과거이력, 알레르기 증상 등을 체크하고 방문하게 되는데, 눈에 띄는 특별한 문제는 없으신 분이셨다. 이분은 어렸을 적부터 타고난 지성 피부이기에 여드름이 빈번하게 발현했고 성인이 된 후부터는 피지 양과 여드름 수가 줄어 드는 듯하였으나, 피부에 대한 관리 방편으로 주기적인 피부과를 방문하여 레이저를 하셨다고 한다. 30세까지는 만족하며 살아왔지만 요즘은 어쩐지 레이저를 받아도 눈에 띄는 효과를 못 느끼겠고 노화 탓인지 자꾸만 피부가 생선 비늘처럼 얇고, 축축 처지는 느낌이라고 하셨다.

클렌징을 체크하니, 클렌징오일, 클렌징 폼, 닦아내는 토너까지 사용하셨으며 가끔씩 진동클렌저도 동원하여 3차 혹은 4차 세안 중이신 분이었다. 대략적인 상담을 마친 뒤 케어에 들어갔다. 얼굴과 두피의 림프는 역시나 꽉꽉 막힌 상태였고, 역시 피부에 홍조도 있으셨다. 예민도 심한 분들은 마사지 테크닉이 들어가기 전 클렌징 단계부터 홍조기가 붉게 올라오기 시작한다. 피부 속이 건강하지 못하면 피부 겉과 속이 따로 논다. 피부 속 영양은 모세혈관이 담당한다. 피부 속 혈액 순환이 원활하지 못하면 진피의 모세혈관으로부터 영양분을 공급받는 피부는 당연히 건강할 리가 없다. 또 피부 겉에서 과한 클렌징까지 더해지면 안 그래도 영양 공급이 원활하지 못한 피부 입장에서는 그나마 있던 수분들을 죄다 빼앗기고 만다. 나이 들수록 피지량도 줄어든다. 우리 피부는 라멜라구조로 되어 있어서 세포 사이에 존재하는 지질도 피부 보호막 역할을 해준다. 세포 사이간 지질은 벽돌(세포)을 붙여주는 시멘트 역할을 해준다. 하지만 화학적 자극(폼클렌징, 오일클렌징)과 더불어 물리적 자극(손의 자극, 진동클렌저)은 피지막뿐만 아니라, 세포 사이 지질, 천연보습인자, 피부 상재균까지 제거하여 피부 장벽 손상을 일으킬 수 있다. 쩍쩍 갈라진 지진이 난 지반처럼 피부 속 상태가 말이 아니게 되는 것이다. 이 초보맘 고객님께 이러한 설명을 해드리고 홈케어 교정이 들어갔다. 바꾼 것은 클렌징 습관밖에 없었다. 케어는 아기 때문에 시간 조율이 힘들어 홈케어 교정만 들어가기로 했다. 한 달 뒤 연락이 왔다. 정말로 내가 해준 방법대로 눈 딱 감고 한 달을 실행해보니, 그전에 있던 건조함과 세안 후 붉게 올라오는 증상이 완화되었다는 답이었다. 그리고 클렌징 제품을 소개 해달라는 내용이었다. 나는 기쁘지 않을 수 없었다. 피부 타입은 천차만별 다양하지만 피부 관리의 정석이 있다면 일중세안은 공식 제 1법칙이다.

일중 세안을 하되, 본인에게 맞는 클렌징 제품을 잘 고르는 것이 현명한 답이다. 위의 고객님처럼 노화 피부이거나 건성 피부, 홍조피부의 경우, 피지량이 많지 않은 경우는 약산성 클렌저나, 클렌징 밀크를 추천한다.

피지막은 약산성이다. 산성을 띠는 이유는 외부의 공격으로부터 피부를 보호하기 위한 최적의 조건이기 때문이다. 피지량이 적다는 것은 지성 피부에 비해 산성막이 약하다는 것을 의미하므로 더욱더 가지고 있는 피지막을 망가뜨리면 안 된다. 약산성 클렌저는 저자극에 초점이 맞춰나온 제품이다. 하지만 저자극이라고 해서 두세 번 펌핑하여 사용은 금물이다. 한번 펌핑으로 사용해도 충분하다. 피지량이 원활하거나 과도한 지성 피부인 경우 약알칼리성 클렌저를 쓰면 된다.

지성 피부의 경우 피지량이 많다. 프라이팬에 기름이 둘러져 있으면 각종 먼지들과 눈에 보이지 않는 것들이 더 잘 들러붙듯이, 지성 피부들은 흡착력이 좋다. 약알칼리성은 약산성에 비해 세정력이 좋기에 약알칼리 클렌저를 써도 무방하다. 지성 피부이지만 화농성 여드름이나, 예민을 띠고 있는 피부라면 약알칼리 클렌저보다는 약산성을 추천한다. 그리고 이런 피부 타입들은 보습에 더 신경 써줘야 한다. 닦아내는 토너는 절대 금지다. 화장 솜의 자극이 별것 아닌 것 같지만 아침저녁으로 반복된다면 피부 표면을 거칠게 자극할 수 있는 무기가 될 수 있다. 세안 시 필요한 여러 팁은 아래 표에 적을 테니, 오늘부터 수칙을 지키고 해보도록 하자.

클렌징 습관 수칙

1. 1차 세안으로 끝낸다.
2. 손가락으로 살살 롤링하며 애기피부 다루듯이 폼클렌징한다. (2분 이내 완료)
3. 물을 튕겨내듯이 어푸세안으로 거품을 제거한다.
4. 남은 물기는 수건으로 겉 물기만 도장 찍어내듯 살짝 눌러 제거한다. (물기는 반드시 제거해야 하지만 과도한 마찰은 금지다.)
5. 화장솜에 토너를 묻혀 바르지 않는다. (뿌리는 토너를 쓰거나 손으로 바른다)

자, 이제 클렌징에 대한 이해가 조금 되었는가? 피부 클렌징을 하는 이유가 무엇인가? 하루 동안 쌓인 노폐물을 씻어내는 것이다. 이중 세안이라는 말이 연예인의 피부 비법으로 알려지며 방송언론에 나오기 시작하고부터 우리나라 여성들은 이중 세안을 당연하게 생각하고 밥을 먹듯이 무의식적으로 행하고 있다. 지성 피부나 피부보호 기능이 튼튼한 사람들은 이중세안을 해도 큰 무리가 되지 않는다. 하지만 피부에 트러블이 자주 발생하거나 건조함을 자주 느끼는 여성들은 절대 이중세안을 하지 말아야 한다. 게다가 현재 우리나라 화장품의 기술은 세계인이 찾을 정도로 기술력이 엄청 나다. 메이크업에도 트렌드가 있어서 예전에는 점하나 티끌하나 보이지 않게 메이크업을 했지만, 요즘은 가볍게 한 번씩 쓰윽 지나쳐도 자연스럽게 커버할 수 있는 쿠션제품들도 많이 있다. 그리고 코로나 덕분에 우리는 피부 커버 메이크업에 덜 신경 쓰고 살고 있다. 매일 굴뚝에서 일하는 직업이거나, 석탄 캐는 일을 하지 않는 이상 우리는 이중세안을 할 필요가 없다. 세정력 좋은 한 가지 제품으로도 충분하다. 나는 나에게 피부를 맡기는 모든 고객의 클렌징을 한 번만 세안하는 1중 세안으로 무조건 바꾸고 시작한다. 아무리 좋은 케어가 들어가더라도 평상시 365일 과한 클렌징을 한다면 밑 빠진 독에 물 붓기다. 여러 장에 걸쳐 반복 되는 내용 중 하나는 여드름 피부이거나 지성 피부일지라도 일중세안만으로 충분히 노폐물은 씻겨나간다. 게다가 여드름의 근원적인 문제는 내적인 호르몬 분비, 그로 인한 모공 속 피지과다, 모공 속 각질

과각화 현상이 대부분인데 아무리 씻겨내도 손가락으로 모공 속까지 클렌징은 불가하다. 우리 피부는 A4용지 25장 정도 두께의 가죽이다. 이마저도 나이 들면서 점점 얇아지고, 이 얇은 가죽으로 평생 살아가야 한다. 그래서 우리는 최소한의 자극으로 아껴서 사용해야 오래 잘 쓸 수 있다.

명품 피부 만들기의 첫 번째 단추는 올바른 클렌징이다. 명품가방을 마대자루처럼 쓰면 처음 상태와 달리 볼품없어지고 명품이 가품처럼 보인다. 관리가 그만큼 중요하다. 자신의 얼굴을 거적대기처럼 대하면 거적대기가 된다. 그만큼 피부를 거칠게 세안하거나 너무 과하게 자극하면 망가질 수 있다. 명품 가죽을 대하는 장인의 마음으로 매일 세심하지만 단순하게 세안해보자.

05

×

스트레스가 정말로
피부에 영향을 줄까?

스트레스는 만병의 근원이라는 것은 이제 누구나 아는 사실이다. 스트레스는 stress = 부하를 뜻한다. 몸과 마음에 받는 부하가 커져 과부하가 되어버리면 병이 난다. 현대인들은 누구보다 바쁘게 살아간다. 특히 한국 사람들은 근면 성실, 부지런함을 미덕으로 여긴 만큼 우리나라 직장인들은 OECD국가 중에서도 연간노동시간이 많은 나라로 명성이 자자하다. 안타깝게도 한국은 자살률 1위 국가이다. 정부에서도 노동시간 단축을 위해 여러 정책을 펼치고 있지만, 통계표가 말해주듯 감소하는 듯하지만 여전히 상위권을 놓지 않고 있다. 그래프를 보면, 한국 임금근로자의 근로시간은 2020년 기준 1,908시간으로 다른 OECD 주요국들과 비교했을 때 가장 길다. 하위권인 독일이나 덴마크의 근로시간은 약 1,400 시간 미만이고, 한국 다음으로 긴 것으로 나타난 미국의 근로시간도 약 1,700시간에 불과하다.

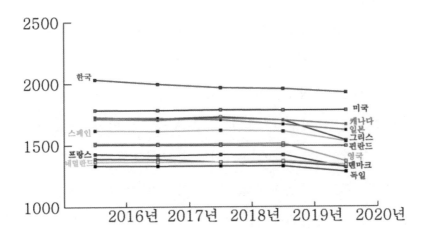

출처 : 국가지표체계 근로시간 해설 〈OECD 주요국의 임금근로자 연간 근로시간〉

우리는 많은 시간을 노동한다. 노동시간이 많아지면 자연스럽게 정신적, 육체적 피로도가 쌓일 수밖에 없다. 그래서 바쁜 현대인들은 휴식의 시간이 반드시 필요하다. 자동차의 엔진이 아무리 좋더라도 제때 엔진오일을 교환해주지 않으면 오래 쓰지 못한다. 사람도 마찬가지다. 적재적소에 쉴 줄 알아야 몸과 마음 피부도 좋을 수밖에 없다.

그렇다면 피부에 미치는 영향은 어떤 게 있는 것일까? 우리 몸은 교감신경과 부교감신경의 지배를 받는 자율신경계의 영향으로 몸의 긴장과 이완을 조절하며 밸런스를 유지하게 된다. 이때 적당한 스트레스는 우리 몸을 적당한 긴장 상태로 만들어주어, 일의 능률을 올려주지만, 스트레스에 장시간 노출될 경우 과도한 교감신경의 작용으로 뇌하수체에서 나온 호르몬은 부신피질을 자극하게 되고 스트레스 호르몬인 코르티솔, 아드레날린이 과도하게 분비된다. 이러한 반응이 지속될 경우 우리 몸의 신체는 혈압상승, 과호흡, 신체대사가 불균형해지며 심각한 경우 비만화, 우울증까지 동반되게 된다. 스트레스를 받으면 부신피질에서는 코르티솔 뿐 아니라 남성호르몬인 안드로겐도 자극 받아 분비되는데, 안드로겐은 피부 모공 속 피지선을 자극하여 피지 분비를 촉진시킨다. 스트레스를 받는 수험생이나, 컨디션이 좋지 않을 때 나는 뾰루지는 이러한 복합적인 시스템 때문이다. 코르티솔은 하루 중 분비되는 양의 변화가 있는데 오전에 가장 높고, 취침 전이 가장 낮다. 수면 파트에서도 수면의 중요도를 강조했지만 늦은 수면은 코르티솔 분비 패턴에도 영향을 주게 되고, 코르티솔 수치를 증가시킬 수 있다. 또한 코르티솔은 생화학 반응을 일으켜, 비타민C 와 B를 고갈시킨다. 비타민C는 콜라겐 형성에 필수적인 물질로, 코르티솔 분비가 증가 될수록 피부 탄력은 저하되고 그로 인한 주름 생성이 용이해질 수 있는 밑거름이 된다. 스트레스 받는 환경에 노출된 사람이 그렇지 않은 사람보다 빨리 늙을 수 있다는 뜻이다. 또한 코르티솔은 면역을 억압시킨다. 스트레스 받으면 피부가 민감해지고, 뾰루지가 나고, 감염에 취약해지는 이유는 이 때문이다.

이번에도 고객 상담 일화를 하나 얘기하겠다. 피부에 영향을 미치는 요소는 앞서 말했듯 타고난 유전적인 인자, 후천적인 환경인자, 스트레스, 수면, 등 여러 인자들이 영향을 줄 수 있기에 정확한 정답이 없다고 생각한다. 30대 중반의 여성분이셨다. 상담을 하며 체크를 해봤지만 유전적인 요소는 강하지 않았다. 트러블의 패턴이 월경에도 연관이 없었다. 계절의 영향을 받거나 화장품에 민감한 분도 아니었다. 상담을 이어나가다 보니 이분이 트러블이 처음 심하게 발생된 시점은 첫 회사 생활이었다. 그리고 나아지는 듯하더니 최근 다시 트러블 때문에 스트레스를 받아 찾아오게 되었다는 것이다. 나는 혹시나 싶어 최근 이직을 했냐고 물었다. 그 고객님은 어떻게 알았냐고 놀라셨다. 그리고 하나하나 트러블이 많이 올라왔던 시점을 짚어 보니 대부분 이직했던 시점이었다. 그래도 다행인 것은 새로운 회사에 적응 해나갈수록 트러블도 줄어들었다는 것이다. 이분은 일단 입사한지 얼마 안 됐으니 지켜보도록 하고 집에서의 수면습관과 기본적인 홈케어 수칙만 알려드렸다. 그리고 혹시 트러블이 가라앉지 않거나 심해진다면 다시 날을 잡아 오기로 했는데 나중에 연락해보니 다행히 트러블이 호전되었다고 하셨다. 사람마다 체질이 다양하지만, 유독 스트레스에 민감한 유형들이 있다. 그리고 어떤 스트레스에 민감한지도 각각 다르다. 나 같은 경우는 사람이 많은 곳에 가면 스트레스가 높아진다. 내향적인 사람일수록 사람 많은 곳에 있을 경우 에너지가 소비된다는데 그런 것 같다. 한번은 명절에 쇼핑을 하러 교통체증이 심한 수원역에 갔었는데, 명절이라는 것을 감안하지 못하고 간 게 화근이었다. 평상시에도 수원역은 KTX, 1호선, 수인분당선, 무궁화호 등 경기 남부의 핵심 요충지라 북적거리는데 명절이라 그야말로 개미지옥이었다. 나는 그날 너무 정신이 없어 쇼핑은 둘째 치고, 도착하자마자 얼마 있지 못하고 집으로 돌아왔다. 그런데 그날 저녁 잠을 자려고 하자 숨 막힘 증상이 느껴졌고, 폐에 알 수 없는 갑갑함이 느껴지고 기침을 멈출 수 없었다. 이것은 나중에 알고 보니 광장공포증이었다. 생소하지만 공황장애 증상과 연관이 있다고 하는데, 나는 다행히도 반복적으로 다시 겪진 않았다. 이처럼 스트레스를 받는 부분은 사람마다 다르다. 우리는 흥분하거나 화가 나면 피부가 붉어지고 혈압이 올라간다. 피부로 상태를 표현하는 것이다. 나는 그 증상이 호흡기 쪽으로 발현이 된 것이고, 위의 고객님은 피부로 나타난 것이다. 스트레스 관리는 곧 몸과 피부의 관리라 볼 수 있다.

그렇다면 피부는 나쁜 감정 말고 좋은 감정은 드러내지 않을까? 스트레스 말고, 행복한 감정은 피부에 영향을 줄까? 우리는 행복했을 때 나오는 호르몬 같은 물질이 있다. 대표적으로는 행복호르몬, 천연마약이라 불리는 세로토닌이다. 세로토닌은 체내에서 합성이 불가하고 먹은 음식

물로부터 소화관에서 80% 생성되는데 아미노산 트립토판의 섭취를 통해 증가한다. 특히 트립토판이 함유된 식품을 아침에 섭취하는 것이 효율적이라고 하는데 대표적인 음식들은 낫또, 바나나, 두부, 연어, 아몬드, 된장, 고구마 등이다. 또 세로토닌을 증가하기 위해 햇볕을 쐬면 좋다. 대낮의 자외선은 노화를 부추길 수 있으니 주의하자. 또 우리는 스킨십을 통해서도 호르몬이 분비되는데 이때 분비되는 호르몬은 옥시토신으로 사랑 호르몬이라고도 한다. 출산 시에는 산모의 자궁 수축을 자극하여 출산을 원활하게 해주고, 남녀 사이의 스킨십, 엄마와 아기의 스킨십, 반려견이나 반려묘를 쓰다듬어주고 포옹하는 행위에서도 촉진된다. 이 호르몬은 엔도르핀 분비도 촉진해 더욱 행복하게 만들어준다. 스트레스 환경에 놓여 있다 할지라도 이러한 행복호르몬을 증가시킬 수 있는 사랑을 하고 있거나, 건강한 음식을 섭취하고, 아침에 햇볕을 쐬는 등 노력을 한다면 분명 스트레스는 경감될 것으로 생각한다. 세상에서 스트레스 없이 살아가는 사람은 없다. 스트레스를 받는다고 하여 모두가 피부가 엉망은 아니다. 하지만 염증을 일으키기 쉽게 만들고, 진피의 콜라겐을 소실시키고, 여드름을 악화시킬 수 있는 간접적인 요소인 것은 분명하다.

아무리 바쁘고 힘들더라도, 마음 챙김을 놓지 않았으면 좋겠다. 같은 환경에 놓여 있어도 어떤 이는 스트레스로 받아들이지 않고, 어떤 이는 스트레스 부하를 받는다. 아무리 종합비타민을 챙겨 먹는다 한들 마음이 고장 나 있으면 피부든 몸이든 망가지게 되어 있다. 마인트 컨트롤이 곧 호르몬 분비에도 영향을 미치는 것이다. 사랑할 줄 알고 사랑 받는 여자는 자신에게 행복한 요소를 아낌없이 준다. 행복함과 감사함을 매일 느끼는 사람은 얼굴에도 나타난다. 지금 우리가 살아가는 하루하루는 다시 오지 않는다. 그 하루를 짜증과 고뇌로 채울지, 행복으로 채울지는 선택 사항이다. 하루에 밤과 낮이 존재하듯 누구나 스트레스를 받고 또 그밖에 행복한 부분도 많다. 스트레스 요소에 집착할수록 나만 손해인 구조다. 호르몬으로 스트레스에 대해 이런저런 설명을 늘어 놓았지만 정답은 없다. 스트레스 요소를 피하는 방법 중 한 가지는 본인에게 맞는 행복감 요소로 대체하는 것이다. 마음이 행복한 사람은 피부마저 행복할 수밖에 없다.

06

×

기미크림보다
자외선 차단제가 먼저다

기미나 색소 고민이 생기기 시작하는 나이는 보통 20대 중후반부터 시작된다. 노화가 본격적으로 시작되는 나이이기도 해서 떨어져 나가야 할 색소들이 피부 턴 오브 주기 변화로 눌어붙어 있게 되면서 기미가 더욱 짙어지기도 하고, 피부톤은 전체적으로 누렇거나 칙칙해 보이기 쉽다. 기미는 여러 원인에 의해 발현되지만, 레이저 치료를 하더라도 쉽게 관리하기 힘든 부분이다. 나는 그래서 기미로 인한 고민이 있으신 분들은 최근에 생긴 기미들은 관리로 옅어질 수 있지만, 오래된 색소침착들은 돌려내기 쉽지 않다고 설명하고 있다. 남성에 비해 여성이 기미에 취약한 이유는 여성호르몬과 관련이 있다. 여성호르몬 에스트로겐은 진피 콜라겐 생성을 증가시켜주고 탄력을 증가시켜주기도 하지만, 동시에 멜라닌 세포를 자극하여 멜라닌 색소를 만드는 역할을 하기도 한다. 그래서 여성의 경우 여성호르몬이 급증하는 임신기간 동안 임신성 기미가 생기는 경우도 많고, 출산 후에는 호르몬이 정상화 되면서 자연스레 사라지게 되기도 한다. 우리는 보기에 좋지 않고 거슬리는 기미나 색소를 부정적으로 보게 되기 쉽고, 직접 관여하는 멜라닌 색소에 대해 안 좋게 생각할 수밖에 없는데 사실 멜라닌 색소는 미관상으로는 보기 나쁘지만, 우리 피부를 보호해주는 착한 녀석이기도 하다. 멜라닌 색소가 일을 하지 않는다면 우리는 피부암에 걸리거나, 피부노화가 급속도로 진행될 수도 있다. 우리는 노화를 거스를 수 없다. 노화는 몸속으로부터의 노화(생리적 노화)와 몸 밖으로부터의 노화(외부환경요소)로 이루어지는데, 이중 몸 밖으로부터의 노화중 대부분이 자외선에 의한 노화이다. 그만큼 자외선에 대한 방어막이 되지 않으면 우리는 누구보다 빨리 늙기가 쉽다. 대체적으로 피부 톤이 어두운 사람들은 흰 피부의 사람들보다 가지고 있는 멜라닌 색소의 양이 많아서 더욱더 신경 쓸 필요가 있다. 또 건조하고 얇은 피부의 사람도 피부 방어력이 쉽게 낮아질 수 있어 색소 침착 예방을 미리 해놓는 습관이 필요하다.

요즘 들어 부쩍 골프취미를 가진 일반인들이 많아졌다. 야외활동이 잦은 여름에는 누구나 열심히 선크림을 바르지만, 다른 계절에는 소홀한 경우가 많다. 일반인들이 대부분 선크림을 선택사항이라 생각하고 소홀히 여기는 경우가 많은데, 그 어떤 기초 화장품보다도 선크림은 가장 필수 요소라고 나는 생각한다. 우리 숍에 오는 고객들은 강조를 많이 해서 나이 불문 무조건 365일 클렌징보다 더 중요하게 바르라고 누누이 강조하고 있다. 여드름 피부의 경우에도 염증 후 색소침착이 되기 쉽기 때문에 무조건적인 선크림 도포가 필수다. 자외선이 가장 강한 시간대인 정오 12시에서 오후 2시 사이에는 아침에 발랐을지라도 한 번 더 선크림을 발라줘야 한다. 직장인들의 경우 이 시간에 점심을 먹으러 외출을 하는데, 메이크업 위에 선크림을 바르기 어렵기 때문에 나는 선기능이 있는 쿠션 제품을 바르라고 권장하고 있다. 전체 피부를 바르기 부담이라면 이마와 앞 광대 옆 광대라도 바르기를 권장 드린다. 자외선을 가장 많이 받는 부위이고, 얇은 피부 부위라 더욱 신경 써줘야 한다. 탄력, 수분, 미백 모두 예방이 먼저이긴 하지만 그중 색소만큼은 예방이 정말 중요하다! 우리는 보통 햇볕에 노출되었을 경우에만 자외선을 받는다고 생각하지만, 커튼을 치거나 선탠이 되어있는 차 안에서도 노화를 일으키는 자외선으로부터 자유로울 수 없다. 우리에 피부에 노화를 일으키는 자외선의 종류는 파장과 에너지에 따라 자외선A, 자외선B, 자외선C 가 있다. 자외선 A는 지구 오존층에서 흡수되기 때문에 일상생활에서 걱정할 일은 크게 없다. 하지만 오존층이 없다면 우리는 아마 피부암에 걸려 인간 멸종이 될지도 모른다. 그만큼 강력하고 위험한 자외선이다. 자외선B는 우리 피부의 표피층까지 도달하는 자외선으로 피부에 화상을 주어 홍반 증상을 일으키기도 하고 피부암을 일으킬 수 있는 자외선이다. 여름 휴 가철 우리의 피부를 새빨갛게 만들 수 있는 자외선이 자외선B이다. 우리 가 가지고 있는 선크림을 보았을 때 SPF 지수는 자외선B를 차단하는 지 수를 말하기도 한다. 자외선A는 파장이 길어 우리 피부의 진피층까지 도 달하는 자외선이다. 자외선A는 노화와 색소를 일으키며, 장기간 노출 시 엘라스틴과 콜라겐까지 파괴될 수 있다. 또한 활성산소를 만들어낸다. 선크림에서 PA 지수가 뜻하는 것은 자외선A의 차단해주는 지수를 뜻하 는 것이다. 우리가 생활 속 유의해야 할 자외선은 자외선A와 자외선B이 다. 저녁에 아무리 좋은 활성 성분이 함유된 홈케어 화장품을 바르더라 도, 매일 자외선에 그대로 노출된다면 소 잃고 외양간 고치는 격이다. 소 를 잃지 않기 위해서는 매일매일 외양간을 살펴주고 보수해줘야 한다. 그것이 선크림을 바르는 행위이다.

나는 내가 본 고객들 중에서 평생 피부 관리를 해본 적도 없고, 심지 어 야외활동을 많이 하는데도 색소는커녕 동안 피부를 가진 분을 본 적 이 있다. 이분은 내가 케어 하던 고객님의 남편분이셨는데, 나이는 50대 초반이셨다. 평소 운동을 즐기시고 몸 관리도 잘하시는 편이셔서 피부에 도 건강미가 흘러넘치셨다. 화장품에는 관심이 없고 끈적거리는 것을 싫 어하여 평상시 홈케어라고는 수분 크림 하나 정도만 바를 정도였고, 전형적인 지성 피부를 가진 남성분이셨다. 지성 피부는 피지보호막 기능이 강하여 건성 피부보다 피부보호 기능이 좋다. 그렇다고 이런 분이 자외선으로부터 자유로울 순 없었을 것이다. 역시나 알고 보니 이분은 다른 건 몰라도 선크림을 매일 밥 먹듯이 까먹지 않고 바르셨다고 하셨다. 피부에 관심이 없으신데 그건 어떻게 알고 바르셨냐 물으니, 야외활동을 많이 하다 보니 선크림을 바르게 되었고 그게 습관이 돼서 골프를 치지 않는 날에도 선크림만큼은 까먹지 않았다는 것이다. 라운딩을 돌 때는 선글라스도 빼먹지 않으신다고 하셨다. 나는 너무 잘하셨다는 말과 함께 이런 내가 본 남성 피부 중 가장 동안이시라고 아낌없이 칭찬을 해드렸다.

피부 상담을 하다 보면, 노화가 진행되는 피부일수록 많은 것을 발라야 한다고 생각하는 경향이 있다. 자꾸만 속이 텅텅 비어가는 기분이고 피부가 점점 얇아지는 기분이 들고 한 해가 지날수록 환절기 때마다 당김 증상은 물론이고 점점 축축 처지는 기분이 들기 때문이다. 그래서 젊을 때는 색조화장품에 관심이 가는 반면, 나이 들수록 기초화장품으로 기우는 것이다. 하지만 덧대기보다 중요한 것은 손실 방지이다. 매일매일 늙어가는 이유는 앞서 말했다시피, 피할 수 없는 생리학적인 노화도 있지만 매일 마주하는 자외선으로부터의 공격이 부스터 역할을 하는 것이다. 다시 한번 강조하지만 조금 과장되게 말한다면, 세상에서 쓸 수 있는 화장품을 한 가지만 고르라고 신이 물어본다면 나는 고민 없이 자외선차단제라고 말할 것이다. 그만큼 나이불문 가장 중요한 피부보호 수단이기 때문이다. 미용적인 부분은 두 번째 문제이다.

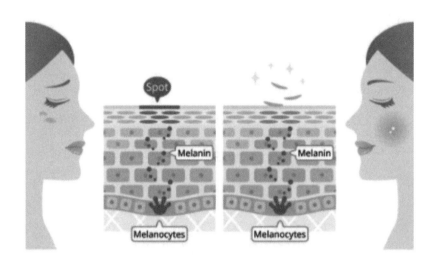

멜라닌 색소 형성 과정

생활 속에서 자외선차단제를 잘 고르는 방법을 간단히 소개하자면, 일상 생활시에는 SPF30 정도의 지수로 충분하다. SPF가 높을수록 좋을 거라고 생각하는데, SPF30과 SPF50의 차이는 자외선을 얼마나 오래 차단해주는지가 아니라, 얼마큼의 양을 차단해주는지에 차이이다. 지수가 높다고 하여 절대 장시간 차단해주지 않는다. 그리고 SPF30과 SPF50의 차단율은 각각 96.6%, 98%이다. 겨우 1.4% 차이로 많은 화학성분을 바르는 것을 권장하지는 않는다. 대신 여름 휴가철이나, 야외 활동시에는 SPF50을 따로 챙겨 바르는 것이 좋다. 그리고 핵심 포인트로 선크림은 2가지 종류가 있다. 무기자차와 유기자차이다. 무기자차는 물리적인 차단제이다. 자외선을 피부 겉에서 반사시키는 원리이다. 유기자차는 자외선을 흡수한 뒤 다른 에너지로 발산하게 만들어 자외선이 작용하는 것을 차단시켜준다. 화학적인 작용으로 자외선으로부터 보호해주는 것이다. 보통 피부가 예민한 사람은 유기자차를 바른 뒤 외출하면 피부가 간지러울 수가 있다. 예민 피부를 가졌다면 무기자차를 추천한다. 무기자차는 발림성이 뻑뻑한 반면에, 유기자차는 부드럽다. 무기자차는 예민 피부에도 적용해도 무방하지만 유기자차는 간지러움증이 생길 수 있다. 그래서 요즘은 둘의 장점을 혼합한 혼합자차도 많이 출시되고 있다.

남녀불문, 남녀노소 선크림 사용은 필수 중에 필수이다. 오늘 선크림을 바르지 않으면서 내일의 동안 피부를 바란다는 것은 어불성설이다. 몸매 관리에는 꾸준한 식단과 운동이 답인 것처럼, 피부 관리에도 꾸준한 선크림 사용이 훗날 동안 피부를 좌지우지할 수 있다. 나이 들어서 색소와 주름으로 고생하기 싫다면 오늘 당장, 선크림부터 챙겨 바르자. 우리 삶에 가장 젊은 날은 바로 지금뿐이다.

×

피부회복탄력성을
높여라

'회복 탄력성'이 높다는 뜻은, 변화하는 환경에 상응하여 휘어지고, 적응할 태세를 갖춘다는 뜻이다. 어린아이들은 회복 탄력성이 높아서 하루 온종일 뛰어놀고 체력소모를 하더라도 하룻밤 자고 일어나면 다음날 리셋이 된다. 어디로 튈지 모르는 용수철 같기도 하다. 그에 반해 나이 들수록, 사회생활을 오래 해나갈수록 어른의 모습은 늘어진 고무줄처럼 원래의 길이로 돌아갈 줄 모른다. 피부도 중력에 대응하지 못하고 축축 처지게 되고 신진대사가 느려지면서 혈액공급을 원활히 받지 못한 피부세포는 피부 턴 오브 주기를 늘어지게 만든다. 피부 속 모세혈관도 탄력성을 잃는다. 몸속의 노화를 일으키는 주범인 활성산소는 날이 갈수록 많아진다. 그로 인해 나이 들수록 피부뿐만 아니라 몸의 모든 세포들의 능력이 떨어진다. 뇌세포의 기능이 떨어지면 치매나 정신질환을 앓게 될 위험이 커지고, 위장세포의 기능이 떨어지면 소화능력이 떨어지고, 근육세포는 말할 것도 없이 소실과정에 가속도가 붙는다. 피부의 콜라겐과 엘라스틴뿐 아니라 피부를 받쳐주는 지방층도 줄어든다. 그렇다면 속수무책으로 노화에 순응해야 할까? 조금 더 늦게 늙으려면 어떤 것이 필요할까?

피부는 신체 가장 최전방에서 우리 몸을 보호해주는 역할을 한다. 바람이 불고 추위에 심한 겨울철이나 환경에서는 입모근을 수축하여 열 발산을 억제하여 체온이 떨어지지 않게 해주고 여름철에는 외부 열기로부터 몸속 온도를 낮추기 위해 땀을 흘려 체온을 낮춰준다. 만약 피부가 없다면 자외선의 공격으로부터 신체는 남아나질 않을 것이고, 물리적인 충격과 외부 세균의 공격에 그대로 노출될 수밖에 없을 것이다. 또 우리가 냉감, 온감, 통감, 촉감, 압박감 등을 느낄 수 있는 것은 피부에 존재하는 여러 지각신경섬유와 자극을 받아들이는 신경종말기가 있기 때문이다. 만약 이런 감각을 느낄 수 없다면 우리는 외부 자극을 느끼기 어렵고 뜨거움을 못 느껴 쉽게 화상을 입거나, 누군가 칼로 찔러도 통증은 못 느끼지만 생명을 잃을 수도 있을 것이다. 여러 감각 중 통각의 비율이 가장 높고, 온각에 비해 100배 정도 밀도가 높고 민감하다. 우리 피부가 안 좋을 때 나타나는 신호 중 하나인 간지러움은 이러한 통각의 일환으로 자극이 강할수록 통각으로 느끼고, 약할수록 간지러움으로 느낀다. 또 표피에 존재하는 랑게르한스섬은 세균, 바이러스, 알레르기 물질 등의 이물질 침투 정보를 림프절에 있는 림프구에 전달하는 역할을 하여 면역기능에도 관여한다. 피부가 건강하다는 것과 피부가 좋아 보인다는 말은 동의어는 될 수 없지만, 건강하지 못한 피부는 보기에도 좋아 보일 리 없다. 우리 피부는 단순히 심미적인 부분이 아닌, 신체 여러 기능을 수반해야 하는 중요한 신체 기관 중 하나로 가장 말단부에 있기 때문에 나이 들어서까지 오래 건강하게 써야만 한다.

건강하고 오래 쓰기 위해서는, 피부 바깥쪽 외부요소와 신체 안쪽 내부요소를 신경써주고 잘 관리를 해줘야 한다. 외부요소에는 우리가 조절할 수 있는 부분과 조절할 수 없는 부분이 존재한다. 사계절의 변화를 겪는 우리나라는 피부도 변화를 많이 겪을 수밖에 없다. 날씨와 계절은 우리가 어떻게 할 수 없는 부분이다. 그 외 가까운 외부환경은 집안이나 사무실에 환경이다.

피부는 온도와 습도의 영향을 많이 받는다. 적정한 습도가 유지되어야만 피부보호 기능을 잘 수행할 수 있다. 피부뿐 아니라 점막이 건조화 되면 바이러스 침입에도 취약해질 수 밖에 없다. 건조에 취약한 겨울에는 실내 습도는 40~60% 유지하는 것이 좋고, 실내 온도는 18~21도 정도가 적당하다. 겨울철 히터사용은 피부건조와 더불어 피부 온도를 높이는 주범이기에 최악이다. 사무실에 히터가 너무 가까이 있다면 가습기 사용을 권장한다. 우리의 신체 적정온도는 36도이다. 신체 내부 온도가 2도만 올라가도 신생아일 경우 생명의 위협이 될 수도 있고, 성인 또한 일상생활이 힘들 정도로 고통을 받는다. 이처럼 피부도 적정온도가 중요한데 외부에 노출되어 있다 보니 신체 내부와 달리 부위에 따라도 온도가 다르고 온도변화가 클 수밖에 없다.

특히 여름철에는 직사광선과 자외선을 직접 받으니 얼굴 피부온도가 상승한다. 자외선 자체도 피부에 손상을 주지만, 얼굴 온도가 상승하면, 피부를 민감하게 만들 수 있고, 피지선 활동을 활발하게 만든다. 피지량이 많아지면 모공확장, 여드름 고민이 생기기 쉬워진다. 피부 온도가 극심하게 올라갈 경우, 피부 손상을 일으키고, 그로 인해 피부가 쉽게 지치고, 탄력 저하가 오기 쉬운 노화피부의 길로 빨리 진입할 수 있다. 여름철에는 무엇보다 피부 온도에 신경 써야 한다. 피부 외적인 요소는 바꿀 수 있는 부분이 한계가 있는 반면 신체 내부 요인은 본인의 노력 여하에 따라 변화를 금방 느낄 수 있다. 신체 내부 요인으로는 당연히 식습관, 운동습관, 배변습관이 중요하다.

우리 몸의 전체 엔진을 제대로 효율적으로 가동하려면, 면역기능의 중

추라고도 불릴 수 있는 대장 관리가 정말 중요하다. 요즘은 유산균 섭취의 보편화로 장내 유익균에 대한 인식을 많이 하고 계신다. 유익균 섭취도 물론 중요하지만, 나는 요즘 현대인들, 특히 여성들은 유산소 운동을 권장한다. 우리가 먹는 것들을 제대로 소화시키고 배출시키려면, 유익균의 활동도 중요하지만, 장내 독소를 원활히 배출하기 위해서는 내장기관들의 물리적인 운동, 연동운동이 잘되어야 한다. 하지만 하루 종일 앉아 있는 좌식시간이 길다 보니, 유산균을 먹더라도 큰 효과를 보지 못하는 분들이 많다. 더군다나 인스턴트 음식, 코로나로 인한 신체활동저하, 배달음식 섭취 증가로 우리 대장도 과부하가 걸려 있다. 운동을 병행하지 않는다면 잉여 영양분들은 우리 몸에 불필요한 산물이 되어 배출되지 못하고 머물 수 있다. 매일매일 장내 쌓이는 잉여 영양소들로 인한 독소가 쌓이지 않게 하려면 주기적인 운동 습관이 중요하다.

코로나가 발생한 지도 벌써 2년이 다 되어 간다. 한국비만학회가 전국 20세 이상 성인남녀 1,000명을 대상으로 "코로나19시대 국민체중관리 현황 비만인식조사" 결과 응답자의 10명 중 4명은 코로나19 대비 체중이 3kg 증가하였다고 답했다. 성별로는 여성(51%)이 남성(42%)보다 높았고, 연령대 별로는 30대(53%)가 가장 높았다고 한다. 일명 '확찐자'들이 정말 많아진 것이다. 나도 그렇게 확찐자에 일조를 했다. 피하지방보다 내장지방이 더 안 좋은 이유는 온몸에 염증을 높이기 때문이고, 염증도가 피부에도 영향을 줄 수 있다.

나도 뱃살(내장지방)이 빠른 시간 내에 증가하니, 없었던 변비 증상까지 겪게 되었다. 더 이상 코로나 핑계는 대지 않기로 결심했다. 아무래도 나는 상담을 많이 하고 보이는 직업이다 보니, 더 촉매가 된 것 같다. 한동안 안 나던 트러블이 턱에 번지기 시작했고, 보통이면 일주일 내로 사라지는 녀석들이 떠날 생각을 하지 않았다. 나는 새벽에 일어나 아침 조깅을 하기로 마음먹었다. 백 마디의 말보다 한 번의 실천이 중요하다.

유산소 운동은 대장의 연동운동을 촉진시켜, 배변 활동에 도움을 준다. 뿐만 아니라, 몸의 체지방 감소에도 도움이 되고, 혈액순환을 촉진시켜줌으로써 신진대사 촉진은 물론 피부도 함께 맑아질 수밖에 없다. 나는 한 달 새벽러닝을 도전했다. 처음 일주일은 정말 지옥 같았다. 새벽 6시에 일어나는 일조차 최대의 난제였다. 나는 중간에 포기할 것을 대비에 우리 숍 계정에 선전포고를 했다. 그렇게 해야 포기하고 싶어도 우리 숍 회원분들에게 창피해서라도 절대 포기하지 못할 거라고 생각했기 때문이다. 집 앞에 호수공원이 있는데 한 바퀴를 돌면 3km정도 뛰는 꼴이었다. 관절에 무리하지 않게 뛰기 시작했고 한 바퀴를 완수하는 것에 집중하기로 결심했다. 첫날 새벽 러닝은 너무 끔찍했다. 한 바퀴를 돌 수 없을 거란 마음이 반 바퀴 돌 때쯤 극에 달했고, 다리를 멈추고 싶었다.

하지만 주변을 보니 너무나도 멋있게 뛰는 사람들이 많았다. 머리 희끗하신 할아버지도 민소매와 반바지를 입고 나오셔서 뛰시는데 러닝으로 다져진 할아버지의 잔 근육들이 흰 모발을 비웃는 듯했다. 그렇게 하루, 이틀, 사흘을 채워갔다. 일주일 차까지는 한 바퀴 도는 일이 버거웠다. 하지만 2주 차가 되자, 한 바퀴를 돌아도 숨이 턱까지 차오르지 않았다. 무엇보다 좋았던 것은 성취감과 맑은 새벽공기는 물론, 새벽러닝 하는 멋있는 사람들을 보고 있으면 나 자신도 멋있지 않을 수 없었다는 것이었다. 나는 그렇게 하루하루 적금처럼 완성해나갔다. 그 과정을 지켜본 우리 고객들은 덩달아 자신들도 도전해보겠다고 나를 통해 동기부여가 되었다. 나는 변비는 물론, 몸에 탄력까지 생겨 전보다 훨씬 가벼워짐은 물론이고, 나의 턱에 자리 잡던 피부 염증과 이별을 하였다. 지금은 매일은 아니지만 꾸준히 나가보려고 노력 중이다.

피부회복탄력성을 높인다는 것은 신체회복탄력성을 높인다는 말이다. 그러기 위해 가장 필요한 수단은 운동습관이다. 우리는 하루 24시간 중 근무시간 8시간을 대부분 앉아서 지낸다. 유산균을 아무리 먹어도 변비에 시달리는 이유 중 하나는 활동이 부족하기 때문이다.

젊음을 오래 유지할 수 있는 가장 좋은 방법은 몸의 활력과 마음가짐이다. 적절한 유산소 운동은 특히 여성들에게 가장 좋다. 아침 러닝은 하루를 시작하는 활력제 역할을 할 수 있고 피부뿐만 아니라 자신감까지 채워준다. 운동화 한 켤레만 있다면 누구나 시작할 수 있는 가장 쉽고, 가장 효과적인 운동이라고 생각한다. 모든 것의 시작은 마음먹기이다. 금방 포기할 것 같다면 나처럼 공개적으로 알리는 것도 추천하고 싶은 방법이다.

"

젊음을 오래 유지할 수 있는

가장 좋은 방법은

몸의 활력과 마음가짐이다.

"

In the end,

inner beauty is revealed on the outside.

A woman with a dream never grows old.

5장

×

당 신 의
커 리 어 에
피 부 빛 을 더 하 라

01

×

당신의 커리어에
피부 빛을 더하라

보통 커리어를 쌓는다고 생각하면 스펙이나 다양한 분야의 전문 역량을 키우는 것을 떠올리기 쉽다. 요즘은 취업난이 워낙 심하다 보니, 취업에 필요한 커리어 박람회나 일대일 코칭, 좋은 대학교 입학을 위한 커리어 코칭, 직장에 들어가서도 너도나도 커리어를 쌓기 위해 시간을 쪼개 쓰거나 쉬는 날에도 자격증 준비와 자기계발에 열심이다. 분야별로는 운동선수라면 메달 숫자 혹은 출전 선수기록에 해당될 것이고 직장인에게는 자격증 혹은 학력, 자신이 속한 분야에서의 업무능력 등을 떠올리게 된다. 그것들은 한 사람 인생 점수표라고 착각하게 되는데, 직업적인 커리어일 뿐이지 한 사람에 관한 총체적인 커리어로 보기는 어렵다. 직업적인 커리어, 인성적인 커리어, 인간관계 커리어, 외모적인 커리어 등 모두가 한 사람의 커리어를 이루는 것이라 생각한다. 직업과 사회 명예적 커리어만 생각하는 경향이 있는데, 이런 경우 사회적으로 성공했거나 상승곡선에 탔을지라도, 인성적인 커리어가 준비되어 있지 않았을 때 물거품이 되는 경우도 우리는 많이 보았다.

특히 연예인들을 보면 인기 스타로 청춘 드라마와 멜로 드라마에 주연으로 급부상한 배우들 중 과거 연인의 폭로나 불건전한 사생활로 인해 뉴스에 오르내리고 힘들게 얻은 대중적 인기를 하루에 다 잃어버리는 것은 물론, 모든 광고와 프로그램에서 하차하게 되는 경우도 있다. 한순간의 음주운전으로 한동안 방송사에서 볼 수 없다 돌아오는 연예인도 많이 보았다. 그들은 분명 사회적으로나 직업적으로나 성공한 사람들인데 무엇이 문제였을까? 뒷받침 하는 다른 요소들이 튼튼하지 못했을 것이다. 하지만 반대로 오래도록 대중과 소통하며 구설수 없이 잘 지내는 연예인들도 있다. 대표적으로 국민MC 유재석 씨가 있다. 유재석 씨는 개그맨으로 데뷔했지만 빠르게 성공하는 동기들에 비해 대중에 사랑을 받지 못했고, 9년간의 무명 시절을 보내는 동안 어떻게든 이름을 알려보기 위해 리포터로 활동하였다고 한다. 유재석 씨는 기나긴 무명 끝에 빛을 발했기에 누구보다 무명시절의 서러움을 알고 있고, 그래서 성공한 이후에도 습관적으로 노력하여 후배 연예인들의 이름을 외우고 불러주기로 유명하다. 그리고 자기 관리 또한 빼먹지 않는다. 매일 일찍 일어나는 것은 물론이고 운동과 더불어 쉬는 날에는 되도록 건강한 음식으로 몸을 채우려 한다. 건강한 신체가 받침이 되기에 50대에도 넘치는 활력으로 대중에게 사랑받는 것이다. 유재석 씨의 커리어를 더욱 빛나게 해주는 이러한 올바른 인성과 노력이 없었다면 과연 오래도록 인기가 지속될 수 있었을까? 성공한 사람들에게는 공통점이 있다. 자기 전문 분야에서의 업무능력은 당연하고 자기 관리 능력이 뛰어나다. 자신만의 몸과 마음의 휴식 시간을 갖고, 단순히 일만 하지 않는다. 그러한 이유는 나무가 아닌 숲을 보기 때문이다.

주변을 보면 능력도 좋고 외모도 뛰어난 이들을 많이 볼 수 있다. 유재석씨도 잘생긴 얼굴은 아니지만 50대라고 생각지 못할 만큼 날씬한 몸과 빛을 발산한다. 나이 들수록 외모의 생김새를 떠나 느껴지는 아우라가 달라지는 사람들은 시간이 축적된 자기 관리의 산물이다. 그러한 산물들은 보는 이로 하여금, 꾸준한 노력에 찬사를 보내고 신뢰는 더욱더 쌓일 수밖에 없다. 연예인은 보여지는 직업이니 당연한 것 아니냐고 생각할 수 있다. 하지만 연예인에 국한되지 않고 일반인에게도 적용된다. 가령 우리가 매일 가는 편의점만 봐도 그렇다. 편의점에 갔는데 물건이 도통 정리가 되어 있지 않고 상품진열이 여기저기 뒤엉켜 있음은 물론, 편의점 사장이 자기 마음대로 문을 열었다 닫았다 일쑤이고, 어떤 때에는 눈곱 낀 얼굴과 떡이 진 머리 상태로 카운터에 있다면 우리는 과연 그 편의점을 또 가게 될까? 아마 근처에 다른 편의점이 있다면 다른 곳을 갈 것이다. 사람도 마찬가지다. 외모가 다는 아니지만 초면이거나, 단회적으로 봐야 하는 사람일 경우 외모가 차지하는 비중이 클 수밖에 없다. 보이는 부분과 그 사람의 말투 등 단기적으로 취합할 수 있는 정보가 한계적이기 때문이다. 물론 사람의 겉모습만 보고 판단하면 안 되겠지만, 오랫동안 볼 사이가 아니라면 더욱 시각에 의존할 수밖에 없다.

과학적으로 첫인상은 3초~90초내에 결정된다고 한다. 처음 느꼈던 인상은 우리의 뇌 속에 각인되게 되고 그것은 장기적으로 작동한다고 한다. 첫 인상이 잘못 입력되면 그 사람의 좋은 면까지 거부하게 마련인데, 이러한 현상을 심리학자들은 '초두효과(Primacy Effect)'라고 한다. 그만큼 첫인상이 중요한 이유는 최초의 느낌이 오랫동안 그 사람의 기억에 남기 때문이다. 인상을 결정짓는 요소 중 시각적인 요소가 50% 이상을 차지한다는 조사결과를 보더라도 처음 만날 때 어떻게 보이는가는 아무리 강조해도 지나치지 않을 것이다. 첫인상이 좋지 않았을 경우, 다시 좋은 인상으로 만회하려면 최소한 40시간을 투자해야 한다는 흥미로운 실험 결과도 있다. 사업을 하거나 성공을 꿈꾸는 자들에게 시간은 금이다. 안 좋은 첫인상으로 인해 만회해야 할 시간 투자로 치를 손실의 규모가 크다. 그래서 성공한 사람들은 자기만족도 있지만 자신의 첫인상 관리를 소홀히 하지 않는 것이다. 첫인상에서도 밝은 얼굴과 빛나는 피부 결은 예쁜 이목구비보다 노력의 결과로 보이게 된다. 특히 나이 들수록 잘 가꾸어놓은 피부와 몸매는 선천적인 타고남이 아닌, 노력에 따라 외형이 보이기 때문이다. 나이 들면서 자신의 커리어에 맞는 자연스러운 멋을 가지고 싶다면 더욱더 피부와 몸 관리에 노력하는 것이 좋다.

　나의 고객층은 20대~30대가 대부분이지만, 숍이 경기도 최대 규모 오피스건물에 있다 보니, 여러 사업체가 많이 들어와 있고, 50대 이상 고객님들은 대부분 여성 사업가이시다. 경력이 보통 20년 이상이신 분들은 젊은 나보다도 열정이 가득하시고 항상 바쁘시다. 특히나 이런 분들은 젊은 시절부터 일에 전념하다 보니 시간이 금이고, 일로써 행복을 느끼는 부분이 많았다. 그래서 여유롭게 피부 관리에 대해 젊은이들처럼 정보를 탐색할 시간이 없다. 그것보다 중요한 것들이 많기 때문이다. 그런 이유로, 관리숍을 더 선호하고, 바쁜 일상 속 피부숍에 방문해 베드에 눕는 시간이 휴식 시간으로 여겨지기도 한다. 확실히 수십 년간 꾸준히 피부 케어를 받으신 분들은 그렇지 않은 동년배 피부보다 탄력이 좋고 동안인 경우가 많다. 활동적인 외부활동으로 에너지를 받으시기도 하겠지만 무엇보다 주기적으로 방문을 통해 여성으로서의 나 자신을 돌아볼 수 있었기 때문이 아닐까 싶다. 이런 분들과 이야기하다 보면 일적인 커리어도 커리어지만 시간 관리와 자기 관리가 얼마나 중요하고, 그것이 삶을 얼마나 윤택하게 만드는지 깨닫게 되고, 배울 점도 무척 많다는 것을 느낀다. 나는 주변에 성공한 사업가들을 가까이 본 적이 없어 드라마나 다큐멘터리 속 사업을 하다가 망하거나, 일에 몰두한 나머지 가정에는 소홀했다거나, 건강을 잃은 케이스만 봐왔는데 꼭 그렇지만은 않다는 것을 알게 되었다. 정말 일 잘하고 능력 좋고 자신의 분야에서 오랫동안 유지하는 사람들은 자신에게 휴식을 주고, 여성으로서, 엄마로서, 사업가로서 어느 부분을 놓치지 않고도 행복한 모습이었다. 그리고 자녀와 오랜 시간 함께 지내야만 자녀에게 좋을 것이라고 생각했지만, 오히려 자녀와 독립된 개체의 인간으로서 성숙한 관계가 가능하고, 한쪽에 치우쳐진 관계가 아닌 건강한 가정일 수 있음을 보았다.

우리는 일생을 살아가면서 수많은 커리어를 쌓게 된다. 본인이 원하는 커리어일 수도 있고, 사회가 바라는 커리어일 수도 있다. 공통적인 것은 인간은 죽음 앞에서 후회하는 것들이 있다는 것이다. 책 『Top Five Regrets of the Dying(2012)』에서는 죽음을 앞둔 사람들에게 5가지의 공통된 후회가 있다고 했다. 책 내용에 따르면 첫째는, "다른 사람이 아닌 나 자신이 원하는 삶을 살았더라면(I wish I hadn't worked so hard)." 하고 후회한다. 일에 빠져 살다 보니 미래를 잃었다는 것, 자식들의 어린 시절, 배우자와의 우애를 잃고 말았다는 것이다. 둘째는 "그렇게 힘들게 일할 필요가 있었을까(I wish I hadn't worked so hard)?" 하고 후회한다.

직장생활이라는 쳇바퀴에 그리 많은 삶을 소비한 것이 안타깝다고 했다. 셋째는 "나 자신이 기분 내키는 대로 내 감정을 표현할 용기가 없었다(I wish I'd had the courage to express my feelings)."는 것이다. 다른 사람들과 평화를 유지하기 위해 자신의 감정을 억제하며 속앓이를 많이 했다는 것이다. 넷째, "친구들과 자주 만나지 못한 것을 못내 아쉬워한다 (I wish I had stayed in touch with my friends)." 자기만의 삶에 갇혀 황금 같은 우정을 잃어버렸다며 후회한다는 것이다. 다섯째, "자기 자신을 좀 더 행복하게 만들지 못했다(I wish I had let myself be happier)." 라는 것이다. 자신이 어떻게 살아가야 할지 마지막 순간까지도 몰랐다는 뜻이다. 변화에 대한 두려움에 자기 자신에게조차 만족하고 있는 척 했다고 했다.

우리는 사회가 만든 기준 속에서 어쩌면 자신이 정말로 원하는 것과 하고 싶은 본질의 욕구를 자제해야 했고 그 안에서의 안락함에 익숙해져 이제는 무엇을 원하는지, 자신이 어떤 모습이 되고 싶은지 생각할 여유조차 없이 살아왔다. 스펙이라는 커리어에 자기 자신을 너무 혹사 시킨 건 아닌지 한 번쯤 점검해보았으면 좋겠다. 자기 관리를 잘하는 성공자들은 모두 얼굴빛이 남다르다. 잘 정돈된 피부와 깔끔한 외모는 직장생활뿐 아니라 인간관계, 비지니스에서 신뢰를 줄 뿐 아니라 본인 자신에게 자신감을 불어 넣어준다. 매일 아침 자신에게 "너 오늘 나에게 마음에 드니?" 물어보고 자신에게 만족할 수 있는 사람은 당연히 하루의 성과도 좋을 수밖에 없다. 빛나는 피부 자신감은 분명 당신이 쌓아온 커리어를 더욱 빛나게 만들어줄 것이다. "보기 좋은 떡이 먹기에도 좋다."라는 속담도 있다. 아직도 당신의 성공을 그저 운명이나 실력에만 맡기겠는가? 첫인상과 잘 가꾼 얼굴빛은 당신의 성공을 위한 중요한 열쇠가 되어줄 것이다.

02

×

결국 내면의 아름다움이
외면에 드러난다

내가 운영하고 있는 피부 관리숍 어센티코스는 내가 직접 이름 짓고, 브랜딩을 하였다. 그 전 다른 이름의 숍을 운영할 때 느꼈던 피부미용에 대한 나의 생각과 철학을 고스란히 담을 수 있는 이름이 무엇일까 몇 날 며칠을 고민하며, 단어와 어원에 대해 찾아 결국 찾아낸 것이 어센티코스이다.

나는 어렸을 적부터 책 속에 희귀한 단어나 마음에 드는 문장을 메모장에 적어두는 습관이 있었다. 노래를 듣더라도 곡의 음색도 중요하지만, 곡이 말하고자 하는 내용에 집중했다. 유행에 따르기보다 가사가 아름답고 진정성 있는 노래라면, 두고두고 오래 듣게 되었다. 노래 가사와 책 속 내용을 보면 창작자의 마음과 진정성이 보인다. 나는 그래서 나라는 사람이 일을 하더라도 보이는 겉모습보다 나의 진정성을 드러낼 수 있는 일을 하고 싶었다.

어센티코스는 진정성을 의미하는 어센틱(Authentic)의 그리스어 어원이며, '자기 자신'을 뜻하는 'eauton'과 '바로 세우다'를 뜻하는 'theto'가 합쳐진 희랍어 아우텐티코스(αὐθέγτικος)로 '자기 자신을 바로 세운다'는 뜻이다.

피부는 단순히 신체의 기능을 수행하는 기관을 넘어서, 망가졌을 때 내면까지 손상 받고, 그로 인해 사회생활에 자신감까지 소실되는 분들을 많이 보았다. 나는 그런 분들을 개선시켜 드리고, 조금이라도 도움을 드렸을 때 얼굴이 밝아지고 내면이 밝아짐을 많이 느꼈다.

내가 일을 하는 이유는 단순한 경제활동을 넘어서 한 사람의 피부를 다룸으로써, 망가진 피부는 물론 내면까지 보듬어주고 싶은 마음이 컸기 때문이다. 누구나 아름다움을 갈망하지만, 너무 오래 방치했거나 용기가 나지 않아 미뤄두는 경우가 있다. 물론 경제적으로 부담이 될 수 있지만, 하지만 우린 때때로 중요한 것들을 놓치고 엉뚱한 곳에 집중하는 경우가 더러 있다.

면접조사		사례수 (명)	인생에서의 외모 중요도				
			전혀 중요하지 않다	별로 중요하지 않다	어느 정도 중요하다	매우 중요하다	중요하다 (계)
1994년 5월 20일 ~ 6월 4일		1,500	1%	12%	45%	42%	87%
2004년 11월 18일 ~ 12월 1일		1,518	2%	12%	58%	29%	87%
2015년 3월 25일 ~ 4월 15일		1,500	1%	13%	61%	25%	86%
2020년 2월 7일 ~ 2월 20일		1,500	1%	10%	69.6%	19.8%	89%
성별	남성	743	1%	11%	73%	15%	88%
	여성	757	1%	8%	67%	24%	91%
연령별	19~29세	257	1%	6%	65%	28%	93%
	30대	244	1%	8%	67%	24%	92%
	40대	290	1%	8%	69%	22%	91%
	50대	300	2%	10%	74%	14%	88%
	60대 이상	410	1%	14%	71%	14%	85%

출처 : 갤럽리포트

사람마다 외모에 대한 생각은 주관적이다. 살아가면서 외모에 대한 중요도가 나라마다, 문화마다 다르다는 것을 느낄 수 있다. 특히나 우리나라의 경우 외모에 대한 관심이 OECD국가 중 성형 1위 국가라고 불릴 만큼 엄청나게 크다는 건 사실이다. 한국갤럽이 2020년, 실시한 인생에서 외모가 얼마나 중요한가에 대한 설문 조사를 실시했다. 전국(제주 제외) 만 19세 이상 1,500명에게 우리 인생에서 외모가 얼마나 중요하다고 생각하는지 물은 결과(4점 척도) '(매우+어느 정도) 중요하다'는 응답이 89%를 차지했고, '(전혀+별로) 중요하지 않다'는 11%에 그쳤다. 인생에서 외모가 중요하다는 응답은 1994년과 2004년 각각 87%, 2015년에도 86%에 달했다. 과거보다 우리는 전반적으로 외모가 중요하다고 느끼는 수치가 증가한 것이다. 하지만 흥미로운 것은 전반적인 외모에 대한 중요도는 높아졌지만, 매우 중요하다고 생각하는 수치는 1994년 42%, 2004년 29%, 2015년 25%, 2020년 19.8%로, 해가 거듭될수록 낮아지고 있다는 것을 확인할 수 있다.

잘 가꾼 외모가 사회생활이나, 대인관계에서 이점이 있다는 것은 분명하다. 특히 첫 만남이나 대면을 많이 할 경우 외적인 요소가 많이 차지하기 때문일 것이다. 하지만 첫 대면 시 호감이었던 이미지가 유지되려면 결국엔 내면이 조화로워야 한다. 사기꾼과 전문가를 구별하는 방법은 결국 끝이 어떤지를 보면 알 수 있듯이 결국 사람의 내면은 반드시 드러나게 되어 있다. 우리가 맺는 인간관계도 들여다보면 결국 남게 되는 좋은 사람들은 내면이 충실한 사람들이다. 제아무리 성형으로 눈, 코, 입을 뜯어 고치고, 탄탄한 몸매를 가지고 있다고 한들 허영심이 가득 차 있거나, 내뱉는 말들과 행동이 무례하다면 예쁜 쓰레기에 불과하다고 나는 생각한다. 반면에 외적으로 아주 예쁘거나, 특출나지 않더라도 볼수록 아름답고 매력 있는 사람들이 있다. 이런 사람들은 만날 때마다 기분 좋은 요소들이 있고, 같이 있으면 즐겁고 행복하다. 사람은 시각적인 행복도 중요하지만, 결국에는 마음이 동요가 되어야 한다. 아름다운 외모는 단순히 예쁜 외모와는 결이 다르다. 예쁜 외모를 가진 사람이 아름다운 내면까지 갖춘다면 만인에게 사랑받을 충분한 여자가 될 수 있다.

내가 좋아하는 배우 중 세상을 떠났지만, 현재까지도 만인의 배우로 사랑받는 배우가 한 명 있다. 영국 배우 오드리 헵번이다. 오드리 헵번은 윌리엄 와일러 감독의 영화 〈로마의 휴일〉에서 앤 공주 역으로 발탁된 후, 세계적으로 아름다움을 인정받는 여배우로 살아간다. 작은 얼굴에 인형 같은 이목구비, 가냘픈 몸매로 공주 역할에 제격이었던 헵번을 보면 고생 한번 하지 않고 자랐을 것 같다. 하지만 그녀는 전쟁 통에 외가의 살림이 너무 어려워져서 어머니는 귀족임에도 불구하고 요리사와 가정부 일을 하면서 딸의 학비와 생활비를 대야 했다고 한다. 이처럼 전쟁으로 본인과 집안의 고통이 너무나 컸던 나머지, 오드리 헵번은 이후에도 평생 전쟁영화는 출연을 사양했다고 한다. 후일 남편의 권유로 〈전쟁과 평화〉 영화에 출연하기는 했으나, 전투 장면에는 출연하지 않았다고 한다. 오드리 헵번은 여느 배우들처럼 영화 협찬 받은 드레스와 제품들을 착용하였지만, 촬영 후에는 반드시 모두 반납하였다고 한다. 영화계 은퇴 이후에는 유니세프 대사로서 인권운동과 자선사업 활동에 참가하고 제3세계 오지 마을에 가서 아이들을 도와주었으며, 그런 활동에서 미소 짓는 노년의 헵번이 보여준 모습은 젊었을 적 미녀의 이미지 못지 않게 유명해졌고, 세계적인 찬사를 받았다. 특히 1992년 암 투병 중임에도 불구하고 소말리아에 방문하여 봉사활동을 한 것도 유명하다. 이러한 행보를 기리고자, 이후 유니세프에서 이름을 딴 오드리 헵번 인도주의상 (Audrey Hepburn Humanitarian Award)을 케이티 페리에게 수여하기도 했다. 평소 오드리 헵번은 매우 검소해서 아이들에게 밤새 동화책을 읽어주며 직접 밥을 해주고 빨래하는 것이 일상이었고 사치도 하지 않는 매우 검소한 성격이었다고 한다. 스위스로 이사를 갔을 때는 허름한 옷을 입고 직접 짐을 날랐고, 협찬 받은 의상은 모조리 반납했으며 재규어에서 나온 예쁜 스포츠카도 가지고 싶어했지만 가족이 다 탈 수도 없고 장 보러 갈 때 쓰지도 못한다며 끝내 안 샀다고 한다. 오드리 헵번이 외적으로 예쁘기만 한 배우였다면 과연 지금처럼 대중은 물론 여러 기업들이 그녀를 아름답게 볼 수 있었을까? 이유는 아마도 헵번이 배우 이전에 한 사람으로서 한 행위들과 죽음 직전까지 이어져온 활동들이 뒷받침되었기 때문일 것이다. 외적인 아름다움에 행동과 마음이 더해지면 죽음 뒤에도 찬사가 이어질 수밖에 없다. 마음의 발자취는 아름다운 선행들이 따르게 되어 있다.

요즘 같은 SNS 시대에는 핸드폰만 들여다봐도 외모가 예쁜 여성들과 멋진 남성들을 많이 볼 수 있다. 하지만 내적 아름다움을 겸비한 지혜로운 사람을 보기란 좀처럼 드물다. 휴대폰 화면 하나만으로는 그것들을 알 길이 없다. 내실 없이 겉모습만 갈구하다 보면 놓치게 되는 것들이 있다. 우리 삶의 본질은 행복하게 살아가는 것이다. 행복한 삶을 위한 도구로 외모를 가꾸는 것은 마땅하지만, 예쁜 외모만을 내세워 다른 것들을 등한시한다면 결코 행복한 삶은 아닐 것이다. 사람은 사람을 통해 위로받고 감명 받는다. 사람에게 감명을 줄 수 있고 위로가 될 수 있는 자질이 있는 사람이라면 비록 현대사회가 바라는 외모가 아닐지라도 분명 아름답게 보일 수 있다. 아름다움은 우려낼수록 깊은 맛이 나는 찻잎처럼 태도와 행동에서 우러나온다.

외모가 중요한 것은 사실이다. 외모의 아름다움은 건강이 바탕이 되어야 하기 때문에 아름답다는 것과 건강하다는 것은 일맥상통한다. 내면과 외면의 건강하고 조화가 이루어질 때 진정한 아름다움이 흘러나온다. 우리는 너무도 오랫동안 사회가 만들어놓은 TV 브라운관에 비친 주인공을 아름다운 대상으로 받아들여져 왔다. 아름다움이란, 젊고 화려한 외모만을 뜻하지 않는다. 자신의 내적 질량을 높이며, 외모도 같이 가꿔나갈 때 진정한 자기 자신의 모습이 외모로 드러난다. 내면의 아름다움은 영혼의 빛이다. 영혼이 빛나는 사람은 곧 내면의 빛이 몸 전체를 감싸고 발산된다는 것을 명심하자.

03

×

여자의 삶에 아름다움은
강력한 무기다

누구에게나 인생에서 잊히지 않는 영화 하나쯤이 있을 것이다. 나는 판타지나 스릴러보다 현실에 기반을 둔 영화들을 좋아하는데, 그런 영화 중에서도 터닝포인트가 되어준 영화가 하나 있다. 다소 코믹한 영화라고 생각하여 가벼운 마음으로 보게 되었는데, 장면과 내용들은 무의식 속 나의 꿈들에 영향을 미쳤다. 친절하고 베푸는 것을 좋아하는 이 주인공은 부인으로 불리는 게 익숙할 만큼 체격이 크고 푸근한 인상의 여성 흑인이었다. 이 여성은 백화점 주방코너 판매 일을 하며 덩치와 달리 짝사랑하는 손게 몇 년째 좋아한다는 말도 한마디하지 못할 정도로 진심을 묻어둔 채 소심한 하루를 살아간다. 그러던 어느 날, 손과 대화 중 코

너 한 편 주방 천장에 머리를 부딪치는 일이 발생하게 되고 병원에 가게 된다. 검진센터에 가니 청천벽력으로 뇌 CT 촬영 결과 뇌종양이 진행 중이고 살아갈 날이 4주밖에 남지 않았다는 소식을 접한다. 수술을 하려면 무려 34만 달러가 필요하기에 수술을 포기하게 된다. 주인공 조지아 버드는 친동생에게 연락을 취했지만, 결혼 생활 중인 동생은 언니의 시한부 선고에는 관심이 없고 아이들 돌봐줄 수 있냐는 답변이 돌아온다. 이에 낙심한 주인공은 술도 마셔보고, 교회에 가 울부짖어보지만 소용이 없었다. 와인을 마시며 지나간 자신의 기록들을 보던 중 하고 싶었던 일들을 써놓은 먹고 싶었던 것, 해보고 싶었던 것들이 쓰인 버킷리스트를 발견하게 된다. 살아갈 날이 4주 남은 주인공은 퇴직연금을 모두 털어 회사를 그만두고 버킷리스트를 실행해보기로 마음먹는다. 그동안 해보지 못했던 비행기 1등석을 과감하게 끊어버리고, 가보고 싶던 체코의 1박 1,500달러인 호텔에 투숙을 하게 된다. 주인공은 남은 시한부의 나날을 마음속 깊이 간직해오던 자신의 진짜 욕망과 꿈들을 가감 없이 펼쳐보기로 한다. 자신이 선망하던 호텔 주방장의 요리를 마음껏 먹어보고, 그와 친구가 될 정도로 가까워진다. 그렇게 부자들만 투숙하는 호텔에 머물게 되며 다른 세계의 사람들과 어울리게 되고, 고급 스파에서 관리도 받아보고 전과는 다른 모습으로 자신에게 멋있는 옷을 선물하며 행복한 나날을 보내게 된다. 그러나 결국 호텔에서 알게 된 부자 친구 중 한 명이 그녀가 가짜 부자라는 사실을 파티에서 밝히게 된다. 주인공 조지아 버드는 차분히 자리에 일어나 지금까지의 일생에 대한 후회와 남은 시간에 대한 소중함을 전하며 이렇게 말한다.

"난 백화점 판매원이 맞습니다. 죽어가고 있구요, 난 침묵하면서 인생을 너무 낭비했어요."
"두려웠나봐요. 그리고… 너무 즐거웠어요."

호텔에서 사권 부자 친구들은 그녀의 진심을 듣고 삶이 얼마 남지 않은 조지아를 응원한다. 짝사랑하던 숀은 조지아의 시한부 소식을 듣고 늦기 전 그녀에게 고백하기 위해 호텔로 향한다. 숀과 그녀는 서로 좋아하는 감정이 있었지만, 전혀 드러내지 않았던 것이다. 영화의 결말은 조지아의 시한부 CT 판독이 기기 고장이었던 것으로 밝혀지고, 숀과 조지아는 결혼을 하고 소원이었던 레스토랑을 열게 되며 해피엔딩으로 마무리 된다.

사람에게는 여러 가지 욕구와 욕망이 있다. 어렸을 적 우리는 갖고 싶은 것들과 먹고 싶은 것들을 거침없이 내뱉었고, 원하는 것을 얻지 못했을 때 땡깡을 부리고 거침없이 온 집안이 떠나갈 듯이 울어댔다. 우리는 어른이 되어가며 사회에 적응되어가고, 욕망을 숨긴 채 하나씩 포기하는 연습을 하게 된다. 하고 싶던 것들 호기심 많았던 어린 시절 꿈들은 일기장에 갇혀 버린다. 어른이라는 가면 속 일상을 해나가지만 어쩐지 허전하고 공허하다. 나는 아름다움에 대한 욕망도 인간에게 내재된 순수한 욕망이라고 생각한다. 이 영화로 우리가 일상에 쫓겨 정작 자신이 정말로 원하는 게 무엇이고, 그것들을 얼마나 미뤄뒀었는지, 그렇게 미뤄두고 묻어두는 습관들이 곧 갈망하는 다른 것들까지 억제되고, 나라는 존재는 내가 만든 삶 속에 묻힌 채 죽을 수도 있겠구나 생각하게 되었다. 여성이 아름다움을 추구하는 것은 당연한 것이다. 영화 속 주인공은 시한부를 선고 받고나서야 자신에게 시간이 한정적이라는 것을 알게 된다. 그제야 케케묵은 일기장 속 버킷리스트를 펼쳐보게 된다. 진짜 자신이 원하는 것이 무엇인지 알아간다. 우리는 살아가면서 영화 속 주인공처럼 시한부 선고를 받지 않고서야 시간에 대한 소중함을 느끼지 못한다. 직장에 다니고 해야 할 일들과 역할에 묻혀 지내다 보면 어쩌면 나에 대한 투자는 뒤로 미루게 된다. 나에 대한 투자를 사치로 여겨지게 된다. 불필요한 과소비는 악이지만, 과한 소비억제는 자신의 순수한 욕망을 사망하게 만든다. 결국 엉뚱한 곳에 흘러가게 된다.

피부 케어를 하다 보면, 자신에 대한 외모와 피부에 대한 것이 얼마나 주관적인지 알 수 있다. 나처럼 매일 다른 사람의 피부를 들여다보는 직업이 아닌 이상, 일반인들은 혼자 판단을 내리거나 주변인들과의 비교 속에서 판단하게 되기 때문에 주관적일 수밖에 없다. 주변인들이 모두 트러블이 없고 피부 좋은 사람들만 있다면 이따금씩 생리 주기나 컨디션이 좋지 않을 때 올라오는 트러블만으로도 내 피부가 최악이라고 생각할 수 있다. 또 반대로 주변인들이 피부가 안 좋은 동지들이 많다면 내 피부 정도면 보아줄 만하다며 콤플렉스로 여겨지지 않는다. 중요한 것은 피부 상태를 어떻게 생각하느냐이다. 남들이 "너 피부에 뭐 좀 해야 하지 않겠니?" 내 피부에 자신감이 있고 콤플렉스가 아니면 상관이 없다. 남들이 내 인생을 살아주는 게 아니기 때문이다. 최근에는 코로나로 주변인들을 자주 볼 수 없으니, 모두가 인스타그램이나 온라인 속 인플루언서들을 많이 보게 된다. 하나같이 모공 하나 안 보이고 여드름이나 다크서클, 주름이 여실히 드러나는 사진은 눈 씻고 찾아봐도 없다. 그런 모습들만 보다 보면 거울에 비치는 자신이 초라해 보이기 시작한다.

누구나 아름다움을 추구한다. 아름다움이란 주관적이어서 사람마다 기치관이 다르듯 아름다움에 대한 미의 기준도 다르다. 나에게 찾아오는 고객분들 중에서는 피부가 나쁘지 않음에도 심각하게 여겨 찾아오는 경우가 더러 있다. 한 분은 좁쌀 여드름이 심해 너무 스트레스이신 분이 방문하셨는데, 사전에 상담 메신저 카카오톡 채널로 간단히 대화를 나눈 터였다. 실제로 피부를 보니 손님의 얘기와는 다르게 심한 좁쌀 형태가 아니었고, 압출할 만한 크기도 아니었다. 알고 보니 조명이나 햇빛에 비춰진 피부가 매끈하지 않고 각질이 떠 있는 부분이 오톨도톨하게 보이는 것을 좁쌀 여드름이라고 여기셨던 것이다. 그런 정도에 각질 들뜸은 누구나 가지고 있을 수 있으며, 수분 보습 관리만으로 좋아질 수 있다고 안심을 시켜드렸다. 그 고객님은 각질 들뜸이 좁쌀여드름처럼 크게 보인 것이다. 이 고객님은 원하는 것이 분명했다. 건성 피부에 가까운 분이시기에 맞춤형으로 홈케어를 교정시켜 드리고, 수분케어와 진정케어를 병행해나갔다. 피부 속이 건강하게 수분이 유지되고 주기적인 케어를 받으니, 고객님이 원하는 부분이 만족스러울 정도로 개선되었다. 사실 내 기준에 심각한 피부는 아니지만, 본인이 스트레스로 여긴다면 맞춤으로 컨설팅해주는 편이다. 중요한 것은 사람마다 원하는 부분이 다르고 고민인 부분을 해결해주면 되기 때문이다. 이런 분들은 자신의 욕망과 원하는 것이 분명하다. 그리고 원하는 것이 이루어졌을 때 행복도가 올라간다. 행복도가 올라가면 삶의 질은 같이 좋아진다. 자신이 가진 콤플렉스로 불만으로 채워졌던 하루하루의 시간들이 만족으로 채워진다.

"당신이 하는 것이 문제가 아니다. 하지 않고 남겨두는 것이 문제다. 해 질 무렵 당신의 마음을 아프게 하는 것이 바로 그것이다."

– 마가렛 생스터

우리 삶의 강력한 무기는 욕망이다. 욕망 있는 여자는 아름답고 멋있다. 숨기려 할수록 초라해지고 공허함이 몰려온다. 우리에게 주어진 삶은 지금도 흘러간다. 사람 손에 잘 다듬어진 악기들은 100년, 200년이 흘러도 아름다운 소리를 낸다. 오래된 악기나 스피커들은 제품 사양이 좋은 최신기기라도 낼 수 없는 시간의 소리를 가지고 있다. 감히 흉내 내려 해도 최신전자기기는 따라갈 수 없다. 우리는 모두 다양한 악기들을 가지고 있다. 삶의 변주 속에서 각자가 가진 아름다운 소리를 잃지 않도록 가공해야 한다. 나는 해 질 무렵, 당신의 마음이 아프지 않았으면 좋겠다. 당신이 가진 악기로 아름다운 연주곡으로 멋있게 마무리하는 인생이 되길 바란다.

04

×

꿈이 있는 여자는
늙지 않는다

꿈을 꾼다는 것마저 사치라고 생각하던 때가 있었다. 2009년 3월 겨울, 대학교를 진학하면서 아늑했던 시골을 벗어난 나는 도시의 차가운 콘크리트 바닥에 내던져진 기분이었다. 시골에 없던 체계와 시스템들이 도시에는 그물망처럼 얼기설기 엉겨 있었다. 나는 첫 자취를 고시원에서 할 수밖에 없었다. 수원에 처음 올라왔을 당시, 수원역은 나에게 뉴욕 맨해튼 거리였다. 버스 탈 일도 없던 시골에서는 자전거로 통학을 했었다. 지금은 체크카드나 신용카드로 지하철과 버스를 타지만 그 당시에는 티머니 카드가 있었다. 티머니 카드가 뭔지 몰랐던 촌뜨기는 현금으로 버스를 탔고 스마트폰이 없어 복잡한 수원역 광장에서 숨 쉴 틈 없이 지나가는 버스 중 현금 천 원을 들고 어떤 버스를 타야 하는지 한참을 헤맸던 기억이 생생하다. 도시는 정말로 살아 움직이는 생명체 같았고, 그 안에서 나는 많이도 혼란스러웠다. 나는 사람들이 모두 나처럼 자취를 하며 통학하고 출퇴근하는 줄 알았다. 하지만 수도권에서는 지하철로 연결되어 있어, 인천 분당 서울쯤은 집에서 통학한다는 것을 알게 되었다. 친구들 중에서 고시원 생활을 하는 사람은 나뿐이었다. 시골에서 느끼지 못했던 상대적 박탈감은 사소한 것들로부터 차곡차곡 알게 해주었다. 학교에 가기 싫었고, 혼자 고시원에 돌아올 때면 우울함이 밀려왔다. 고시원은 수원역에서도 거리가 있어서 통학버스에서 내리면 30분 정도를 걸어가야 했다. 버스를 타면 됐지만 버스요금도 아껴야 했다. 여전히 핸드폰은 밀린 요금으로 인해 언제 먹통이 될지 모른다는 불안감이 늘 붙어 다녔다. 그러던 어느 날 남녀 혼층이었던 고시원에서 일이 벌어졌다. 시골집에 내려가는 날이었는데 시간이 남아 불을 끄고 문을 등지고 누워 있었다. 고시원은 대낮에도 불을 끄면 캄캄하다. 어두운 내 방 벽에 스윽 문이 열리며 복도 불빛이 문 사이로 비쳤다. 그때 남자 형태로 보이는 그림자가 보였다. 나는 순간 꿈인지 현실인지 가늠하기 힘들 정도로 패닉이 왔다. 사람이 정말 놀라면 말이 안 나온다는 것을 실제로 체험했다. 정적이 흘렀고 나는 뒤를 돌아 "누구세요? 여긴 왜 오셨죠?"라고 물었다. 지금 같아서는 소리 지르고 난동을 피웠을 테지만, 20세인 내가 할 수 있는 말이라곤 그것뿐이었다. 그 남자는 같은 층에 사는 40대로 보이는 아저씨였다. 그 아저씨는 감기약이 있냐는 어처구니없는 말을 했다. 나는 종종 문을 안 잠그고 외출할 때가 있었다. 지금과 달리 덜렁대고 틈이 아주 많은 시골 소녀였다. 나는 당장 고시원을 벗어나야겠다는 생존 본능이 생겼고, 다짜고짜 아빠한테 전화를 하여 어떻게든 원룸방으로 보내 달라고 졸라댔다. 한번 그런 일을 겪어보니, 그곳에 있는 1분 1초도 편하지 않았고 잠도 잘 오지 않았다. 난 며칠 후 부동산에 가서 당장 들어갈 수 있는 가장 저렴한 방을 찾아 가계약을 했고, 아빠는 어쩔 수 없다는 듯이 보증금 백만 원을 부쳐주셨다. 돈이 없다는 것, 돈에 대해 주체적일 수 없다는 것이 얼마나 서러운지 그때 알았다. 다행히 원룸으로 옮긴 뒤, 나는 그런 일을 겪을 일은 없었지만 새벽 창문 너머로 들려오는, 걸어가는 행인들의 수다에도 잠을 깨게 되고, 어두운 밤에 혼자 돌아다니지 못하는 이상한 마음병이 걸려버렸다. 고시원에서 원룸으로 옮겨졌지만 집에 돌아오는 길 밀려오는 우울함은 여전했다. 그 당시 나에게 꿈이란 사치였다. 당장 먹고 사는 생존도 벅찼다. 나는 시련을 이겨내며 생존해 물리치료과를 졸업했고, 병원에 취직하여 악착같이 살았다. 학자금 대출이 버거웠지만, 내 스스로 번 돈으로 통신비 미납과 월세미납에서 벗어날 수 있었고 자주적인 여성으로 살아갈 수 있었다. 그리고 남들 부러워하는 보건소에도 취직하여 전보다 안정적인 삶을 살아갔다.

정규직이 되었고, 모두의 축하를 받았다. 취업도 힘든 세상에 공공기관 정규직이 되었다는 것은 시골 가족들에게 더할 나위 없는 기쁨의 소식이었다. 하지만 나는 점점 시들어갔다. 그동안 생존 의지로 살아왔고, 역할에 충실했지만 마음과 영혼이 답답했다. 일은 힘들지 않았지만 남은 잉여시간을 하염없이 흘려보내야만 했다. 새장 안에 갇힌 새가 된 기분이었다. 물론 안정적이고 노후가 보장된 안정추구 성향이라면 만족한 삶이었을 것이다. 눈을 감고 생각했다. 내가 내일 당장 죽는다고 생각했을 때 과연 보건소에 출근할 것인가? 해보지 못해본 것들에 대해 후회가 남지 않을까? 내가 가진 장점을 살려 열정을 발휘할 수 있는 게 무엇일까? 나는 내 안에 생존이 아닌 마음 안에 숨겨놨던 보물 무엇이었는지 꺼내보기 시작했다. 나는 사람을 만나고 소통하는 일을 하면서 나의 시간을 아낌없이 쏟아부어 누군가에게 도움이 되는 일을 하고 싶었다. 그렇게 해야 할 일이 아닌 하고 싶은 일을 찾고 싶었다. 내가 가진 무기는 물리치료 경력과 친화력이었다. 사람의 신체 다루는 일을 하면서 자유롭게 일할 수 있는 일이 무엇인지 생각하게 되었고, 피부미용 자격증을 따기로 결심했다. 학원에 등록하고 시험을 두 번 떨어졌다. 평생 시험에는 자신 있던 나였는데, 실기시험에 두 번이나 떨어지니 자존심이 무너졌다. 피부 실기시험은 준비물만 30개가 넘고, 눈썹 칼 하나라도 놓쳤을 시, 시험에 붙을 확률은 거의 제로다. 그만큼 사전에 철전한 준비는 물론, 각 과제마다 정해진 시간을 엄수해야 하며 시간 미달, 시간 초과 둘 다 불합격 소지가 될 수 있다. 심사위원분들의 점수에 반영되기에 떨어져도 왜 떨어진 것인지 이유를 알 수가 없다. 나는 세 번째에 턱걸이로 합격을 하고 눈물이 쏟아졌다. 그렇게 피부미용 시험에 합격해 나는 시간 가는 줄 모르고 문제성 피부 케어 교육과 피부에 빠져 지냈다. 물리치료사로 지냈던 지난 7년의 시간보다 나는 더 깊이 더 나를 불태우는 시간을 보냈다. 지금 이 책을 쓰게 되는 것도 해야 할 일로 생각됐다면 하지 못했을 것이다. 숍 고객케어와 온라인 홈케어 상담, 홈케어 공구를 진행하는 것만으로도 하루가 해야할 일로 가득이지만, 출근 전 아침과 퇴근 후 새벽 시간을 쪼개며 책을 쓸 수 있다는 것은 의무감이나 돈이 아닌 내 마음과 열정이 이곳에 닿아 있기 때문일 것이다.

나의 어린 시절과 더불어 전 과정을 지켜본 친구들은 요즘 내 얼굴이 더 예뻐지고, 전과 다르다는 말을 많이 한다. 피부숍 원장이다 보니 물론 홈케어와 관리도 병행하지만, 그것보다 가장 큰 요인은 마인드의 변화가 크다. 내 의지와 상관없이 해야 할 일들을 할 때와 내 의지로 하고 싶은 일들을 해나가며 리스크를 스스로 감당하는 것은 하늘과 땅 차이다. 네이버 블로그 포스팅을 쓴다고 하여도, 누군가의 지시에 의해 쓰게 되는 것과 내 사업을 위해 쓰는 포스팅은 질량이 다를 것이다. 그렇다고 모두가 직장을 박차고 나와야 한다는 것은 아니다. 나처럼 꿈을 마음속에 간직하고 있거나, 무언가 답답함을 가지고 있다면 정말 자신과 하고 있는 일이 적성이 맞는지 생각해보는 것도 나쁘지 않다. 일의 적성도 중요하지만 직장인 생활이 안 맞는 체질일 수도 있는 것이다. 무엇이든 다 일장일단이 있다. 나의 숍에는 각종 경력사항 증명서들을 비치해놨는데 물리치료사 면허증 사진을 보면 내 얼굴이지만 내 얼굴 같지가 않다. 대학생 때 찍은 그 사진은 같은 얼굴 모양이지만 암울한 분위기와 우울함은 사진에서도 묻어나온다. 같은 얼굴 이목구비지만 지금 얼굴이 훨씬 젊고 생기 있어 보인다. 그동안 버킷리스트를 써왔지만 요즘은 드림리스트를 작성 중이다. 그동안 썼던 버킷리스트는 소유물이나 경험해보고 싶은 것들에 초점이 있었다면 드림리스트는 자아실현에 초점을 맞춰 쓰고 있다. 내가 어떤 것을 갖고 싶은지가 아닌, 나는 어떤 사람이고 싶은지에 중점을 두는 것이다. 파울로 코엘료의 책 『연금술사』에서 살던 고향을 떠나 낯선 사막을 배회하는 산티아고가 자아의 신화에 대해 묻는 내용에 대해 노인은 이렇게 답한다.

"그것은 자네가 항상 이루기를 소망해오던 바로 그것일세. 우리들 각자는 젊음의 초입에서 자신의 자아의 신화가 무엇인지 알게 되지. 그 시절에는 모든 것이 분명하고 모든 것이 가능해 보여. 그래서 젊은이들은 그 모두를 꿈꾸고 소망하기를 주저하지 않는다네. 하지만 시간이 지남에 따라 알 수 없는 어떤 힘이 그 신화의 실현이 불가능함을 깨닫게 해주지."

"그것은 나쁘게 느껴지는 기운이지. 하지만 사실은 바로 그 기운이 자아의 신화를 실현할 수 있도록 도와준다네. 자네의 정신과 의지를 단련시켜주지. 이 세상에는 위대한 진실이 하나 있어. 무언가를 온 마음을 다해 원한다면, 반드시 그렇게 된다는 거야. 무언가를 바라는 마음은 곧 우주의 마음으로부터 비롯되기 때문이지. 그리고 그것을 실현하는 게 이땅에서 자네가 맡은 임무라네."

이상과 현실의 접점에 꿈이 있다. 이상을 꿈이라고 착각하면 이루기 어렵다. 현실이 반지하인데 고층빌딩을 꿈꾸는 것은 망상에 가깝다. 꿈이란 반지하에서 지상으로, 지상에서 고층으로, 고층에서 빌딩으로 단계단계 밟아가는 것이다. 사람은 성취를 느끼는 강도가 아닌, 성취를 느끼는 횟수 동안 행복을 느끼고, 자기효능감이 커진다. 그렇게 차곡차곡 쌓여놓은 성취감들이 큰 꿈을 이루게 만들어준다. 꿈이 이루어졌을 때 느끼는 성취감은 천연 방부제, 천연 보톡스 역할을 해준다. 꿈이 있는 여자는 늙지 않는 마음을 가지고 있다. 그 마음은 스스로 천연 방부제와 천연 보톡스를 만들어낸다.

05

×

반짝반짝 빛나는
얼굴 빛이 운을 부른다

얼굴이란 무슨 뜻일까? 우리말의 의미에서 얼은 영혼이라는 뜻이고, 굴은 통로를 의미한다. 얼이 들어가고 나가는 통로이기에 마음 상태에 따라 그날그날 얼굴이 달라 보일 수밖에 없다. 옛 어르신들이 말했던 '얼 빠진 놈'이라는 말도 넋이 나간 상태로 아무 생각 없이 행동하는 사람을 뜻하는 것으로, 얼굴을 보고 해석했던 것이다. 관상학적으로 얼굴은 운이 들어오는 통로라고도 이야기하는데, 아무리 잘생긴 얼굴과 예쁜 이목구비를 가진 절세미인이더라도 얼굴빛이 어둡거나, 표정에서 느껴지는 기운이 안 좋다면 같이 있고 싶지 않아진다. 얼굴빛이 훤하다. 낯빛이 좋다, 신수가 훤하다 등의 표현처럼 얼굴의 찰색을 다양하게 표현하기도 한다. 얼굴의 찰색은 이목구비의 바탕이 되는 피부를 의미한다. 얼굴의 찰색이 좋은 사람들은 얼굴이 흰 피부, 까만 피부 상관없이 밝고 맑은 광이 차올라 있다. 표정은 미소 짓고 있으며 미간은 찌푸려지지 않고 곧게 펴져 있다. 눈빛은 부드러운 선한 눈을 하고 있다.

우리 숍에 오는 고객들 중 상당수는 직장인이거나 사업을 하시는 분들이 대다수이다. 특히 회사생활을 하는 분 중 장시간 앉아 계신 분들을 알아 볼 수 있는 뚜렷한 특징이 하나 있다. 그것은 눈 밑 아랫부분, 다크서클이 상당히 어둡고 짙게 자리 잡고 있다는 것이다. 심한 경우 관자 부분까지 심하게 부어 있고, 두피까지 딱딱하게 굳어 있는 것을 볼 수 있다. 이런 분들은 귀 주변 림프절들을 조금만 손을 대도 아파하실 정도다. 컴퓨터 작업을 오래 하거나 섬세한 작업을 하는 경우라면 눈의 피로도가 많을 수밖에 없다. 이런 분들은 미간 주름이 쉽게 생기고 미간이 저절로 찌푸려져 있다. 얼굴에 힘을 주는 습관이 되어 있다 보니, 자신도 모르게 얼굴 근육이 항상 긴장되어 있다. 또 한 가지로는 대표적인 스트레스 근육, 승모근이 과 긴장되어 있다. 우리 얼굴은 심장에서 펌프질 해주는 혈액으로부터 피부의 모세혈관을 통해 영양분을 공급받는다. 승모근이 경직되어 있으면 얼굴로 이어지는 혈관들도 함께 굳어지고 거북목 증상까지 있다면 관절 내의 디스크 또한 영양공급이 원활하지 못하게 되는 구조가 되어버린다. 요즘 현대인들 대부분 장시간 앉아 있거나 스마트폰을 눈에서 떼질 못하니 대부분 이런 증상을 가지고 있을 수밖에 없다. 게다가 마사지 케어를 받는다 하여도 또다시 업무생활을 하고 습관이 나아지질 않는다면 나중에는 질환으로 이어질 수도 있다. 결국 몸이 건강해야 얼굴 낯빛도 좋아질 수밖에 없다는 것이다. 그래도 힘든 부분을 피부 케어로 급한 불을 꺼줄 수 있다. 마치 배수구에 음식물이 가득 차 있는 싱크대에 물만 넣어도 물도 잘 내려가지 않는 상태와 같은 피부라면, 에스테틱 관리를 통해 배수구의 음식물을 한 번씩이라도 비워준다면 역류를 방지하고 보이는 안색이 맑아질 수 있다. 하지만 돈을 덜 쓰고 자가적인 배수구 청소가 되려면 본인이 꾸준히 노력해야 한다.

요즘은 외모 관리 중에서도 인상관리가 중요한 시대에 살고 있다. 너도나도 쉽게 예뻐질 수 있는 시대에 살아가기 때문에 예쁜 얼굴 하나로는 이제는 경쟁력이 어렵다. 그리고 좋은 인상은 평생을 조금 편하게, 운이 좋게 살아갈 수 있다. 나는 찢어지게 가난했지만 아빠에게 항상 감사하다고 생각하는 한 가지가 있다. 우리 아빠는 일찍이 이혼을 해야 했고, 이혼이라는 단어가 핵전쟁과 같이 느껴지던 생소한 시대에 홀아비가 되어 아이 둘을 책임져야 했다. 물론 할머니가 거의 키워주시다시피 하셨다. 우리 아빠는 심성이 순수하고 정이 많고 여린 남자다. 집에 좋은 것이 있으면 남들한테 퍼주기 바쁘고, 이해득실에 둔하여 항상 손해 보기 일쑤였다. 그래서 가족들은 속이 터지지만, 남들 눈엔 아빠는 항상 인상

좋고 선한 시골 아저씨였다. 우리 아빠는 가난했지만 항상 주어진 일이 큰돈이 오지 않더라도, 작은 일에도 감사하고 항상 웃는 얼굴이었다. 아이들은 부모의 얼굴을 보며 표정을 배운다는데 우리 아빠는 눈동자가 보이지 않을 정도로 실눈이 되는 하회탈 얼굴이다. 나와 오빠는 아빠 표정을 닮아 웃을 때는 눈동자가 보이지 않는다. 인상으로 치면 우리 아빠는 우리나라 최고 1등이었다. 하지만 현실은 가난의 굴레 속 인상이 운을 따른다는 말과 거리가 멀었다. 하지만 아빠의 표정을 배우고 닮은 오빠와 나는 아빠에게 배운 표정 덕분에 남들보다 쉽게 사람들에게 호감을 사고, 그로 인해 각자의 사업도 승승장구할 수 있었고 젊은 나이에 각자의 사업은 물론, 우리 스스로의 힘으로 집도 마련하고 좋은 배우자까지 얻어 인생을 함께하고 있다. 우리 아빠의 좋은 인상이 어쩌면 자식 복으로 돌아와 자식들이 운전하는 외제차 뒷좌석에 앉아 세상을 즐기는 여유로움으로 돌아온 게 아닐까 싶다.

사람들이 줄 서서 음식을 먹거나, 꾸준하게 잘되는 음식점에 가보면 공통점이 하나 있다. 첫째, 가게 사장님이 항상 계신다. 둘째, 가게 사장님은 기둥처럼 보초 서 있는 것이 아닌 전체 손님들이 컨디션을 두루 살피며 직원들과 같이 일을 하신다. 셋째, 항상 웃는 얼굴, 좋은 인상과 부드러운 말투로 적대감을 줄여주신다. 이런 분들에게 음식의 맛은 당연한 것이다. 이런 집은 마케팅이나 홍보를 따로 하지 않아도, 입소문을 통해 항상 문전성시를 이룬다. 이와 비슷하게 보이는 집들도 있다. 블로그나 맛집 평가에 고평가를 받은 집들이고 줄을 서서 먹는다는 그곳들을 가면, 직원들만 있는 오토로 돌리는 음식점이거나 사장님이 계시더라도 사장이 왕이고 손님이 신하인 곳들도 종종 있다. 물론 요즘 시대에 손님이 왕이라는 마인드는 맞지 않지만, 외려 내 돈 주고 먹는데 성의 없는 태도를 보게 되면 다시는 가고 싶지 않아진다. 이런 집들은 인테리어가 아무리 예쁘고 맛이 있어도 가고 싶지 않아진다. 세상에 맛집들이 넘쳐날 뿐 아니라 새로 생기는 맛집들 찾아 가기에도 우리는 바쁘기 때문이다. 얼굴은 사람의 마음을 보여주는 얼굴이다. 사장님의 얼굴이 밝고 빛나는 곳들은 가게 전체를 밝게 만들어준다. 빛나는 얼굴이 선행된 자들은 운이 따를 수밖에 없다. 자꾸 만나고 싶고 보고 싶게 만드는 능력이 운을 끌어당긴다.

SNS로만 알던 사람들을 실제로 대면하게 되는 일들이 종종 있다. 나뿐만 아니라, 이제는 오프라인 기반으로 되어 있는 사업체들이 많아 많은 사람들이 겪을 것이다. 최근에도 온라인으로만 알던 분들을 온라인으로 본 적이 있는데, 호감이라고 느꼈던 분은 실제로 보았을 때 차가운 기운과 인상으로 인해 당황했던 적도 있고, 온라인으로는 이렇다 할 느낌이 없던 분들 중에서 대면을 하였을 때 호감형으로 바뀐 경우도 있었다. 평면적 이미지와 SNS로는 담아낼 수 있는 것들에는 한계가 분명히 존재하다는 걸 여실히 느끼는 요즘이다.

"당신의 얼굴은 일종의 책과 같아서 사람들은 당신의 얼굴에서 당신 마음의 이상한 문제들을 읽을 수 있다."

– 윌리엄 셰익스피어

"습관적으로 호감을 가지려고 노력한 얼굴에는 그와 같은 감정을 그 얼굴에 자주 표현함으로 고도로 정리된 아름다움이 나타나 있다."

– 사라 T. 헬

좋은 운은 스스로 만든다. 좋은 인상은 웃는 얼굴에서 시작 된다. 많이 웃을수록 얼굴 근육을 자주 사용하게 된다. 얼굴 근육을 많이 쓰면 자연스레 얼굴 피부의 혈액 순환이 된다. 얼굴에는 60여 개의 근육이 있고 이 중 표정을 만드는 근육은 35가지 정도가 된다. 웃을 때 사용되는 근육들은 볼 부위의 중앙 근육들이고, 인상을 찌푸릴 때 쓰는 근육들은 대체적으로 이마 쪽에 위치하거나 하악에 위치하여 미간을 찌푸리게 하고 입꼬리를 내리게 만든다. 얼굴을 찌푸리는 근육들은 보기 안 좋은 주름들을 만들지만, 웃을 때의 근육들은 얼굴 중앙을 환하게 펴주고 필러를 맞지 않아도 입꼬리 리프팅 효과까지 볼 수 있다. 웃는 얼굴은 피부의 혈액순환뿐 아니라 뇌에도 작용해서 스트레스까지 낮추게 해준다. 심지어 웃을 때마다 각종 항체를 분비시켜 면역체를 가꾸어준다고 한다. 웃는 얼굴은 이처럼 피부미용뿐 아니라 좋은 인상을 만들어준다. 평생에 걸쳐 주름 보톡스를 맞지 않아도 스스로 찌푸리는 근육을 쓰지 않음으로써 이득을 취할 수 있다. 성공한 사람들을 보면 하나같이 평온한 미소를 띠고 있다. 대부분 웃는 얼굴상이거나 얼굴빛이 밝다. 좋은 운은 좋은 인상을 가진 자들에게만 주는 특권이 아닐까 싶다. 돈으로 살 수 없는 것들은 항상 돈 이상의 가치를 선물해준다.